油气管道项目前期工作实务手册

张 丰 董家男 陈鹏坤 编

石 油 工 业 出 版 社

内容提要

本书主要叙述了油气管道项目前期工作实务，内容分为项目前期工作常识问答和项目前期工作制度解读两部分。每一部分按照专业又分为若干网格业务单元，每个网格业务单元详细明确了所需资源要素以及要素间的互联互通和协同协作。最后部分的附录列出了相关重要法规与标准。

本书可作为油气储运设施建设领域项目管理人员开展前期工作的实务指导手册，也可作为研究机构进行理论研究和政府主管部门进行政策研究的参考用书。

图书在版编目（CIP）数据

油气管道项目前期工作实务手册 / 张丰，董家男，陈鹏坤编. —北京：石油工业出版社，2021.8
ISBN 978-7-5183-4801-5

Ⅰ. ①油… Ⅱ. ①张… ②董… ③陈… Ⅲ. ①石油管道–管道工程–手册 Ⅳ. ① TE973-62

中国版本图书馆 CIP 数据核字（2021）第 160907 号

出版发行：石油工业出版社
（北京安定门外安华里 2 区 1 号　100011）
网　　址：www.petropub.com
编辑部：（010）64523825　图书营销中心：（010）64523633
经　销：全国新华书店
印　刷：北京中石油彩色印刷有限责任公司

2021 年 8 月第 1 版　2021 年 8 月第 1 次印刷
787×1092 毫米　开本：1/16　印张：11
字数：260 千字

定价：120.00 元
（如出现印装质量问题，我社图书营销中心负责调换）
版权所有，翻印必究

前言

前期工作是项目建设门径管理的重要阶段与关卡，它从技术、安全、经济、市场、资源、法规等方面进行全面分析、论证，最终选择项目建设最优方案。与此同时，还需按时办理各类法规手续和行政许可，确保项目的可行性、合规性和先进性，实现项目的经济效益、合规效益和安全效益。

受工期紧、手续周期长、业务专业性强、相关干系人多等因素制约，当前油气管道项目建设中前期工作普遍较为薄弱，部分项目前期工作质量不高，造成项目投产后综合效益未达预期，个别项目由于法规手续不全或行政许可未及时拿到，进而存在很高的法律风险和管理责任风险。

当前国家油气管道行业正在全力构筑"全国一张网"，积极发展平台经济，实施市场化、平台化、科技数据化、管理创新"四大战略"，构建大业务、大党建、大监督、数字化"四大体系"。油气管道项目前期工作急需围绕"打造智慧互连大管网、构建公平开放大平台、培育创新成长新生态"的战略目标，形成新的完整管理体系，串联各类要素资源，支撑项目实现网格化赋能，无边界管理。基于此，笔者根据当前最新法规要求和技术规范，以及中俄东线天然气管道工程等项目最新实践，编写了《油气管道项目前期工作实务手册》（以下简称《手册》）。

《手册》分为项目前期工作常识问答和项目前期工作制度解读两部分。其中，项目前期工作常识问答采用"一问一答"形式，聚焦日常业务具体问题，按照专业分为核准（备案）与审批、（预）可行性研究报告、规划选址、用地（海）预审、社会稳定风险分析与评估、项目申请报告、重要专项评价。每一专业对业务管理与操作进行详细梳理、总结和归纳，为从业者提供字典式服务。项目前期工作制度解读运用"一张图"以划重点方式，对项目涉及的相关法规与技术标准的关键内容进行专项解析，确保从业者紧紧抓住"牛鼻子"，深刻领会法规与标准的精髓。最后，附录中列出了相关重要法规与标准。

由于编者水平有限，书中如有不妥之处，敬请各位专家、同行和广大读者批评指正。

目录

第 1 部分　项目前期工作常识问答

1　项目前期工作概述 ………………………………………………………… 3
- 1.1　什么是项目前期工作？ ……………………………………………… 3
- 1.2　油气管道项目前期工作主要包括哪些内容？ ……………………… 3

2　项目核准（备案）与审批 ………………………………………………… 4
- 2.1　什么是项目核准制和备案制？ ……………………………………… 4
- 2.2　项目核准和备案制度的历史沿革是什么？ ………………………… 4
- 2.3　项目核准和备案的范围与权限是如何规定的？ …………………… 5
- 2.4　什么是投资项目在线审批监管平台？ ……………………………… 5
- 2.5　使用在线平台的基本要求是什么？ ………………………………… 6
- 2.6　在线平台（中央平台）的操作流程是什么？ ……………………… 6
- 2.7　什么是项目代码？ …………………………………………………… 7
- 2.8　项目申请报告编报有什么规定？ …………………………………… 8
- 2.9　油气管道项目核准的申报材料要求是什么？ ……………………… 8
- 2.10　油气管道项目核准的工作流程是什么？ …………………………… 8
- 2.11　项目核准变更有什么规定？ ………………………………………… 10
- 2.12　项目核准延期有什么规定？ ………………………………………… 10
- 2.13　项目核准（备案）如何进行事中事后监管？ ……………………… 11
- 2.14　项目备案管理各个主体法律责任如何界定？ ……………………… 11
- 2.15　项目备案的基本要求是什么？ ……………………………………… 12
- 2.16　项目实行备案管理有什么具体规定？ ……………………………… 12
- 2.17　项目实行备案管理的基本流程是什么？ …………………………… 13
- 2.18　什么是项目审批制？ ………………………………………………… 13
- 2.19　项目实施审批制的基本要求是什么？ ……………………………… 14
- 2.20　核准制、备案制和审批制的异同点是什么？ ……………………… 14

3 （预）可研报告 ··· 15

- 3.1 什么是（预）可研？ ··· 15
- 3.2 可研的作用和意义是什么？ ··· 15
- 3.3 （预）可研工作如何启动？ ··· 16
- 3.4 （预）可研报告编制单位如何确定？ ··· 16
- 3.5 可研报告编制单位的主要职责是什么？ ··· 16
- 3.6 管道项目可研报告编制的主要要求是什么？ ··· 16
- 3.7 可研报告与项目核准附件如何衔接？ ··· 17
- 3.8 可研报告与专项评价成果如何衔接？ ··· 18
- 3.9 可研报告评估单位的主要职责是什么？ ··· 19
- 3.10 油气管道项目可研相关资源与市场资料需要注意开展哪些工作？ ··· 19
- 3.11 管道运输企业可研报告的评估程序是什么？ ··· 19
- 3.12 可研报告的评估专家组如何组成？ ··· 20
- 3.13 可研报告及其编制单位和评估单位如何进行考评？ ··· 20
- 3.14 可研报告的版本如何确定？ ··· 21
- 3.15 可研报告批复文件的主要内容是什么？ ··· 21
- 3.16 可研发生重大变更如何处理？ ··· 21
- 3.17 可研什么情况下不会被批复？ ··· 21
- 3.18 可研停止后相关前期费用如何处理？ ··· 21

4 规划选址 ··· 23

- 4.1 什么是建设项目规划选址？ ··· 23
- 4.2 规划选址遵循的基本原则是什么？ ··· 23
- 4.3 规划选址的办理方式是什么？ ··· 24
- 4.4 什么是国土空间规划？ ··· 25
- 4.5 国土空间规划编制有哪些要求？ ··· 25
- 4.6 国土空间规划三条控制线的具体内容是什么？ ··· 26
- 4.7 什么是专项规划和详细规划？ ··· 27
- 4.8 为什么划拨方式以外的建设项目不需要申请选址意见书？ ··· 28
- 4.9 规划选址报批包括哪几方面工作？ ··· 28
- 4.10 规划选址主要前期工作是什么？ ··· 28
- 4.11 规划选址报批的具体流程是什么？ ··· 29
- 4.12 规划选址报批的申报资料有哪些？ ··· 30
- 4.13 开展规划选址工作的基本要求是什么？ ··· 31
- 4.14 规划选址可研报告的主要内容有哪些？ ··· 32
- 4.15 规划选址进行审查的要点是什么？ ··· 32
- 4.16 规划选址取得的成果有哪些？ ··· 33
- 4.17 违反规划选址法规需要承担哪些法律责任？ ··· 33

  4.18 规划选址过程中应该注意的事项有哪些？……………………………33

  4.19 规划选址实务操作的难点是什么？……………………………………34

5 用地（海）预审………………………………………………………………36

  5.1 什么是用地（海）预审？………………………………………………36

  5.2 用地（海）预审制度的历史沿革如何？………………………………36

  5.3 用地（海）预审的作用机制是什么？…………………………………37

  5.4 现阶段用地（海）预审的依据有哪些？………………………………39

  5.5 用地（海）预审的原则是什么？………………………………………40

  5.6 用地预审各级主管部门的审查界面如何确定？………………………40

  5.7 项目用地的预审范围是什么？…………………………………………41

  5.8 建设单位用地（海）预审应提交哪些资料？…………………………42

  5.9 用地（海）预审省内流程是什么？……………………………………42

  5.10 用地（海）县级预审有哪些主要工作？………………………………43

  5.11 用地（海）县级预审有哪些成果？……………………………………44

  5.12 用地（海）省级预审有哪些主要工作？………………………………45

  5.13 用地（海）省级预审的工作要点是什么？……………………………45

  5.14 用地（海）省级部门报部有哪些主要预审成果？……………………45

  5.15 用地（海）预审省级流程是什么？……………………………………46

  5.16 永久基本农田补划的要点是什么？……………………………………47

  5.17 海域使用权设立需要提供哪些资料？…………………………………48

  5.18 海域使用权设立审批流程是什么？……………………………………48

  5.19 用地预审与选址意见书合并审批是什么？……………………………50

  5.20 违反用地预审法规有哪些法律责任？…………………………………51

  5.21 用地预审工作操作的要点与难点是什么？……………………………51

6 社会稳定风险分析与评估……………………………………………………53

  6.1 什么是社会稳定风险分析与评估？……………………………………53

  6.2 社会稳定风险分析与评估一般的工作步骤是什么？…………………53

  6.3 社会稳定风险分析的工作流程是什么？………………………………54

  6.4 社会稳定风险评估的工作流程是什么？………………………………54

  6.5 社会稳定风险分析的开始时间和条件是什么？………………………55

  6.6 项目建设单位社会稳定风险分析的主要工作是什么？………………55

  6.7 社会稳定风险分析报审的条件是什么？………………………………56

  6.8 社会稳定风险评估需要注意哪些事项？………………………………56

  6.9 社会稳定风险等级的判断标准是什么？………………………………57

  6.10 社会稳定风险分析与评估的成果有哪些？……………………………57

  6.11 社会稳定风险分析与评估的操作难点是什么？………………………57

7 项目申请报告 ……………………………………………………………… 58

- 7.1 什么是项目申请报告？………………………………………………… 58
- 7.2 项目申请报告有什么意义？…………………………………………… 58
- 7.3 项目申请报告的依据是什么？………………………………………… 58
- 7.4 项目申请报告和可研报告的主要区别是什么？……………………… 58
- 7.5 项目申请报告编制单位有什么资质要求？…………………………… 59
- 7.6 项目申请报告编制需要的支持内容是什么？………………………… 59
- 7.7 项目申请报告审查的主要内容是什么？……………………………… 59
- 7.8 项目申请报告的操作难点与要点是什么？…………………………… 60

8 重要专项评价 ……………………………………………………………… 62

- 8.1 环境影响评价（含海洋）的基本内容和流程是什么？……………… 62
- 8.2 安全评价的基本内容和流程是什么？………………………………… 63
- 8.3 压覆矿产资源调查的基本内容和流程是什么？……………………… 64
- 8.4 文物调查的基本内容和流程是什么？………………………………… 66
- 8.5 地质灾害危险性评价的基本内容和流程是什么？…………………… 67
- 8.6 地震安全性评价的基本内容和流程是什么？………………………… 68
- 8.7 水土保持评价的基本内容和流程是什么？…………………………… 69
- 8.8 防洪评价的基本内容和流程是什么？………………………………… 70
- 8.9 节能评估的基本内容和流程是什么？………………………………… 72
- 8.10 职业病危害评价的基本内容和条件是什么？………………………… 72

第 2 部分　项目前期工作制度解读

9 一张图全景式读懂相关项目前期工作制度 …………………………… 75

- 9.1 一张图读懂《政府核准的投资项目目录（2016 年本）》…………… 75
- 9.2 一张图读懂全国投资项目在线审批监督平台………………………… 78
- 9.3 一张图读懂国土空间规划……………………………………………… 81
- 9.4 一张图读懂规划用地"多审合一、多证合一"改革………………… 87
- 9.5 一张图读懂《国务院关于授权和委托用地审批权的决定》………… 87

10 借鉴"划重点"方式进行相关法规关键内容解读 …………………… 90

- 10.1 《中华人民共和国城乡规划法》（2019 修正）解读 ………………… 90
- 10.2 《国土资源部关于全面实行永久基本农田特殊保护的通知》解读 … 91
- 10.3 《跨省域补充耕地国家统筹管理办法》解读 ………………………… 94
- 10.4 石油天然气工程项目用地控制指标政策解读 ………………………… 95
- 10.5 《中华人民共和国安全生产法》（2014 修正）解读 ………………… 99
- 10.6 《中华人民共和国环境影响评估法》（2016 修正）解读 …………… 100

10.7 《中华人民共和国文物保护法》（2017修正）解读 ………… 101

10.8 《中华人民共和国水土保持法》（2010修正）解读 ………… 102

附　录

附录1 《企业投资项目核准和备案管理条例》…………………………… 109

附录2 《企业投资项目核准和备案管理办法》…………………………… 112

附录3 《全国投资项目在线审批监管平台运行管理暂行办法》………… 121

附录4 《中华人民共和国城乡规划法》…………………………………… 124

附录5 《中华人民共和国土地管理法》…………………………………… 133

附录6 《自然资源部关于以"多规合一"为基础推进规划用地
　　　　"多审合一、多证合一"改革的通知》……………………………… 145

附录7 《中华人民共和国环境影响评价法》……………………………… 147

附录8 《中华人民共和国安全生产法》…………………………………… 152

后　记

# 第 1 部分　项目前期工作常识问答

1 项目前期工作概述

1.1 什么是项目前期工作？

进入 21 世纪，中国项目管理迅速发展。2006 年 6 月，中华人民共和国建设部发布国家标准 GB/T 50326—2006《建设工程项目管理规范》，标志着中国正式开始从国家层面推广项目管理；2017 年 5 月，住房和城乡建设部发布 GB/T 50326—2017《建设工程项目管理规范》，表明中国建设工程项目规范管理进入新时期。

项目是指为完成依法立项的新建、扩建、改建等各类工程而进行的、有起止日期的、达到规定要求的一组相互关联的受控活动组成的特定过程，包括策划、勘察、设计、采购、施工、试运行、竣工验收和考核评价等。

项目前期工作属于项目管理范畴，按照 PMBOK（美国项目管理知识体系）对项目过程组的划分，项目前期工作涵盖了"启动"和"规划"的所有内容，主要包括资金筹措与使用计划、人员和项目管理组（或团队）组织形式和项目管理章程、项目申请报告、项目建设的合法手续以及功能性需要的申请办理、建设方案设计评比、招标采购计划等。

1.2 油气管道项目前期工作主要包括哪些内容？

针对油气管道项目的特性和实际情况，按照相关规定，《手册》所指油气管道项目前期工作具体包括项目预可行性研究（以下简称预可研）、可行性研究（以下简称可研）、核准（备案）、专项评价和最终投资决策等。

其中，项目核准（备案）包含规划选址意见书、用地预审意见、社会稳定风险分析与评估意见以及项目申请报告。专项评价包括环境影响评价、节能评估、安全预评价、地震安全性评价、压覆矿产资源评估、地质灾害危险性评估、水土保持评价、职业病危害预评价、文物调查等。

2 项目核准（备案）与审批

2.1 什么是项目核准制和备案制？

为了进一步深化投资体制改革，提高政府决策的科学化、民主化水平，增强投资宏观调控和监管的有效性，国务院在 2004 年印发了《国务院关于投资体制改革的决定》（国发〔2004〕20 号），确定了国家关于投资管理制度的框架，其核心是转变政府管理职能，建立和规范企业投资项目政府核准制和备案制。

实行企业投资项目核准制是投资体制改革的重大举措，主要内容如下：对于企业不使用政府投资建设的项目，一律不再实行审批制，区别不同情况实行核准制和备案制。其中，政府仅对重大项目和限制类项目从维护社会公共利益角度进行核准，其他项目无论规模大小，均改为备案制，项目的市场前景、经济效益、资金来源和产品技术方案等均由企业自主决策、自担风险，并依法办理环境保护、土地使用、资源利用、安全生产、城市规划等许可手续和减免税确认手续。对于企业使用政府补助、转贷、贴息投资建设的项目，政府只审批资金申请报告。各地区、各部门要相应改进管理办法，规范管理行为，不得以任何名义截留下放给企业的投资决策权利。

要严格限定实行政府核准制的范围，并根据变化的情况适时调整。《政府核准的投资项目目录》（以下简称《核准项目目录》）由国务院投资主管部门会同有关部门研究提出，报国务院批准后实施。未经国务院批准，各地区、各部门不得擅自增减《核准项目目录》规定的范围。

企业投资建设实行核准制的项目，仅需向政府提交项目申请报告，不再经过批准项目建议书、可研报告和开工报告的程序。政府对企业提交的项目申请报告，主要从维护经济安全、合理开发利用资源、保护生态环境、优化重大布局、保障公共利益、防止出现垄断等方面进行核准。对于外商投资项目，政府还要从市场准入、资本项目管理等方面进行核准。政府有关部门要制定严格规范的核准制度，明确核准的范围、内容、申报程序和办理时限，并向社会公布，提高办事效率，增强透明度。

2.2 项目核准和备案制度的历史沿革是什么？

项目核准和备案制度的发展阶段如下：

（1）前期阶段。为规范政府对企业投资项目核准活动，依据《中华人民共和国行政许可法》和《国务院关于投资体制改革的决定》，国家发展和改革委员会于 2004 年 9 月 15 日颁布了《企业投资项目核准暂行办法》（国家发展和改革委员会令第 19 号）。该办法规定了项目申请报告的编制、核准程序、核准内容和效力，以及法律责任等。

（2）改革阶段。2013 年 5 月 15 日，国务院印发了《国务院关于取消和下放一批行政审批项目等事项的决定》（国发〔2013〕19 号）；2013 年 5 月 24 日，国家发展改革委办公厅印发了《国家发展改革委办公厅关于做好第一批取消和下放投资审批事项后续工作的通知》（发改办投资〔2013〕1226号），取消和下放了117项行政审批项目等事项，其中企业投资非跨境、跨省（区、市）的油气输送管网项目，企业投资分布式燃气发电项目由国家投资主管部门下放到省级投资主管部门核准。

（3）最新阶段。2016年11月30日，国务院发布《企业投资项目核准和备案管理条例》（国务院令第673号，以下简称《条例》），旨在规范政府对企业投资项目的核准和备案行为，加快转变政府的投资管理职能，落实企业投资自主权。《条例》共24条，自2017年2月1日起施行。2017年3月22日，国家发展和改革委员会发布《企业投资项目核准和备案管理办法》（国家发展和改革委员会令第2号，以下简称《管理办法》），自2017年4月8日起施行。作为《条例》的实施细则，《管理办法》在企业投资项目核准和备案的范围、权限、流程、要求、时限、事中事后管理、法律责任等方面做了进一步细化，贯彻了《条例》所确立的"负面清单"管理、规范核准和备案行为、加强事中事后的监督管理、落实企业投资自主权等原则。

2.3　项目核准和备案的范围与权限是如何规定的？

《条例》明确，国家仅对关系国家安全、涉及全国重大生产力布局、战略性资源开发和重大公共利益等项目实行核准管理，其他项目实行备案管理。

实行核准管理的具体项目范围以及核准机关、核准权限，由国务院颁布的《核准项目目录》确定。《管理办法》重申了这一原则，并明确相关要求（表2.1）。

表2.1　《管理办法》规定的投资项目范围核准权限及属地备案等情况

序号	分类	具体内容
1	投资项目范围	《管理办法》所适用的企业投资项目是指企业在中国境内投资建设的固定资产投资项目，包括企业使用自筹资金的项目，以及使用自筹资金并申请使用政府投资补助或贷款贴息等的项目，但不包括外商直接投资项目和境外直接投资项目
2	核准权限	实行核准管理的具体项目范围及核准机关、核准权限，由《核准项目目录》确定，其中国务院投资主管部门是指国家发展和改革委员会，《核准项目目录》规定由省级政府、地方政府核准的项目，其具体项目核准机关由省级政府确定
3	属地备案	实行备案管理的项目按照属地原则备案，同时由各省级政府制定本行政区域内的项目备案管理办法，明确备案机关及其权限
4	其他事项	未经国务院批准，各部门、各地区不得擅自调整《核准项目目录》确定的核准范围和权限

《核准项目目录》于2004年由国家发展和改革委员会出台，并分别在2013年、2014年、2016年进行3次修改，现行有效的版本为《政府核准的投资项目目录（2016年本）》。

2.4　什么是投资项目在线审批监管平台？

投资项目在线审批监管平台（以下简称在线平台）是运用互联网和大数据技术，创新投资管理方式，建立投资项目网上并联审批和协同监管机制新模式、实现"制度＋技术"有效监管的重要载体。在线平台依托国家电子政务外网，建设项目申报、在线办理、监督管理、电子监察4类应用系统，实现相关部门横向联通，以及部门到地方各级政府的纵向贯通，逐步实现非涉密投资项目"平台受理、在线办理、限时办结、依法监管、全程监察"。在线平台设立后，让信息多跑路、群众少跑腿，可以更好巩固简政放权成果、更大释放改革红利，同时也有利于健全投资管理体系、提高政府的管理和服务效率。

除涉密项目以及涉密审批事项外，在线平台适用于实行审批制管理的政府投资项目、实行核准制或者备案制管理的企业投资项目，以及与之相关的从项目立项到项目竣工涉及的所有审批监管事项。凡涉密项目，均不得通过在线平台办理。非涉密项目在线审批过程所涉及的涉密文件（图件），均不得在线提交、传送。项目申请人应直接前往相关部门指定受理机构办理。

2.5 使用在线平台的基本要求是什么？

使用在线平台涉及项目申报、项目受理、项目办理、事项办结、项目实施情况监测等方面的要求，具体如下：

（1）项目申报。项目单位通过相应的在线平台填报项目信息，获取项目代码。填报项目信息时，项目单位应当根据在线平台所公开的办事指南真实、完整、准确填报。在线平台应当根据办事指南和项目申报信息等，向项目单位告知应办事项，强化事前服务。项目单位凭项目代码根据平台所示的办事指南提交所需的申报材料。项目变更、中止，项目单位应当通过在线平台申请。

（2）项目受理。平台应用管理部门应当依据有关法律法规受理审批事项申请，接收申报材料应当核验项目代码，对未通过项目代码核验的，不得受理并告知项目单位。在线平台应用管理部门受理后，在线平台开始计时。

（3）项目办理。平台应用管理部门应当依据有关法律法规办理审批事项，通过在线平台及时交换审批事项的收件、受理、办理、办结等信息，并告知项目单位。

（4）事项办结。项目审批事项办结后，平台应用管理部门应当及时将办结意见及相关审批文件的文号、标题等相关信息交换至在线平台。

（5）项目实施情况监测。项目审批事项办结后，平台应用管理部门应定期监测项目实施情况，对于发现的问题要及时督促有关单位整改。

事前告知项目单位的应办事项全部办结后，由在线平台生成办结告知书并通知项目单位。

在线平台由中央平台和地方平台组成。由国务院和国务院相关部门审批、核准和备案的项目（以下简称中央项目），通过中央平台进行申报，具体参照中央平台申报操作指南。由省、市、县投资主管部门和行业主管部门审批、核准和备案的项目（以下简称地方项目），进入地方平台进行申报。地方平台申报操作指南详见各地方平台网站。

2.6 在线平台（中央平台）的操作流程是什么？

在线平台（中央平台）的操作流程包括用户注册/登录、项目申报、打印登记单、跟踪办理进度、上传开工报告、上传项目年报和上传竣工报告，中间还涉及平台赋码、并联办理和项目监管，具体如图2.1所示。

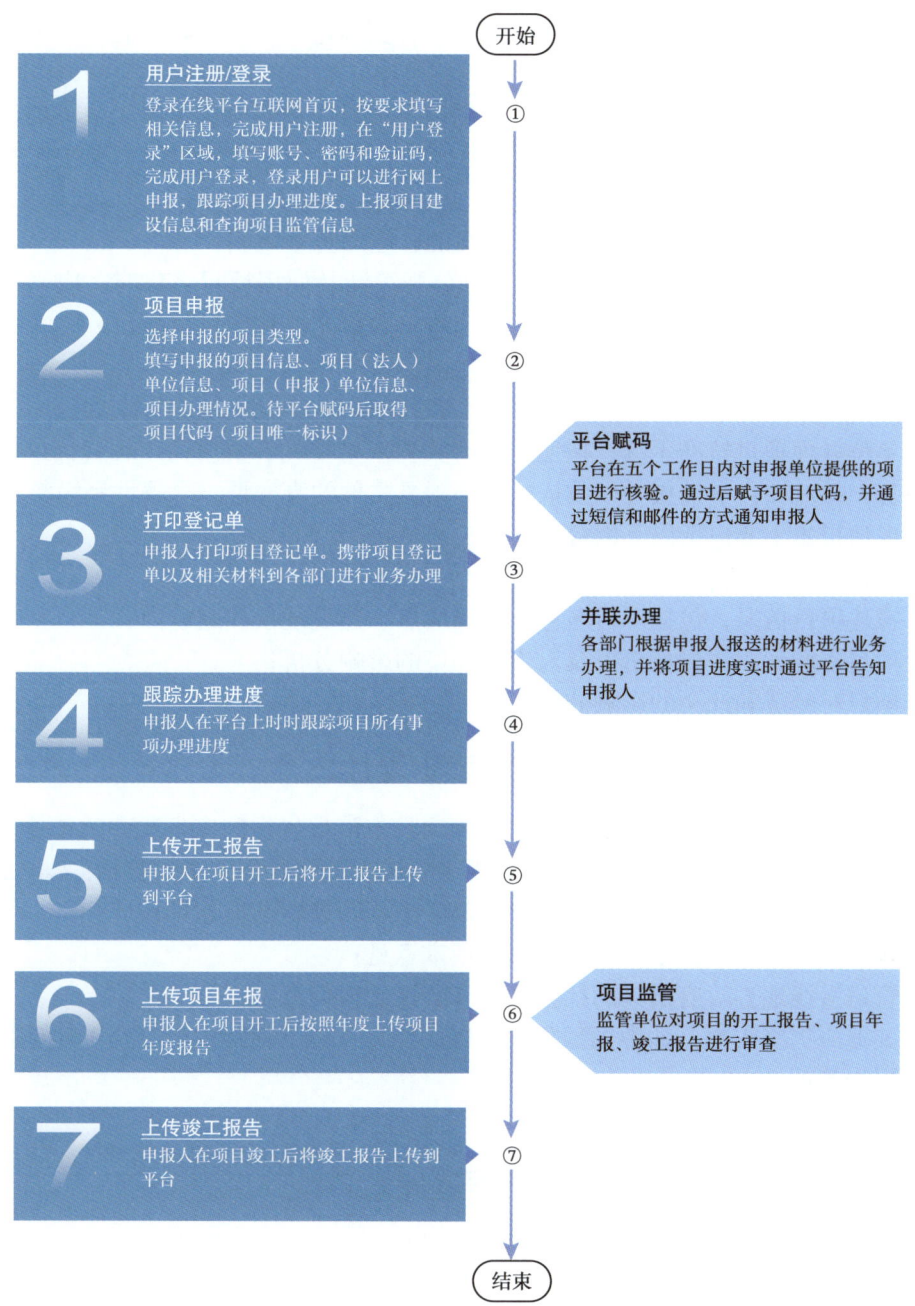

图 2.1 在线平台（中央平台）操作流程图

此外，地方平台有关操作流程具体见各地方监管平台相关规定。

2.7 什么是项目代码？

按照《全国投资项目在线审批监管平台运行管理暂行办法》规定，各类项目实行统一代码制度。

项目代码是项目整个建设周期的唯一身份标识，一项一码。项目代码由在线平台生成，项目办理信息、监管（处罚）信息，以及工程实施过程中的重要信息统一汇集至项目代码。

编码规则由中央平台综合管理部门统一制定，项目应按照隶属关系（中央项目和地方项目），分别由中央平台和地方平台赋码。项目已有非在线平台编码的，要按照在线平台统一规则赋予项目代码，并与原编码进行对应。项目延期或调整的，项目代码保持不变；项目发生重大变化需要重新审批、核准、备案的，应当重新赋码。

项目审批文件、项目招标（投标）、信息公开等涉及使用项目名称时，应当同时标注项目代码；办理项目相关审批事项、下达资金等，要首先核验项目代码。

2.8　项目申请报告编报有什么规定？

项目单位办理项目核准手续，按照国家有关要求可委托有资质的工程咨询单位编制项目申请报告，并对项目申请报告以及依法应当附具文件的真实性、合法性和完整性负责。

项目申请报告主要包括以下内容：

（1）项目单位情况；

（2）拟建项目情况，包括项目名称、建设地点、建设规模和建设内容等；

（3）项目资源利用情况分析以及对生态环境的影响分析；

（4）项目对经济和社会的影响分析。

2.9　油气管道项目核准的申报材料要求是什么？

油气管道项目报国家核准，需按要求编制项目申请报告报国家发展和改革委员会（国家能源局），同时根据国家相关法律法规的规定附送支持性文件，主要包括：

（1）管道途经的各省（区市）规划主管部门出具的规划选址意见；

（2）自然资源部出具的项目用地（海）预审意见；

（3）管道沿线地方政府出具的社会稳定风险评估报告意见；

（4）其他应提交资料，如中国国际工程咨询公司（以下简称中咨公司）对项目申请报告的评估报告等；

（5）管道运输企业项目核准请示文件。

2.10　油气管道项目核准的工作流程是什么？

油气管道项目建设单位核准的主要程序如下：

（1）管道运输企业委托有资质的单位编制项目（预）可研报告，同时委托开展项目的专项评价工作。

项目的（预）可研报告应由有相应资质的工程设计、咨询单位编制，报告要从技术和经济角度论证项目的可行性。（预）可研报告的编制分别按照相关编制规定，使项目内容和深度达到规定要求，满足项目核准需要。

项目的相关专项评价，如环境影响评价、节能评估、社会稳定风险分析和评估、安全预评价、地震安全性评价、地质灾害危险性评估、水土保持评价、压覆矿产资源评估、职业病危害预评价和防洪评价等，应由有资质的相关行业的设计、咨询单位编制，报告的内容和深度要符合相关部门行业规定的要求。所有上述专项报告要通过相关部门的评审，取得相应主管部门的批复或备案文件。

（2）在可研报告初步形成的技术方案和路由（中间成果）基础上，开展项目核准附件办理工作，逐步取得规划选址意见、用地（海）预审意见和社会稳定风险评估意见等。

①项目规划选址意见。管道沿线县市级地方规划主管部门根据管道运输企业提交的项目资料（包括建设项目选址申请表、线路走向图、平面图等），对管道线路走向、用地位置及规模等进行审查，出具规划意见，逐级上报材料，一般获得自然资源厅或自然资源局的批复，即建设项目选址意见书或规划选址意见。

按照 2019 年 9 月 17 日《自然资源部关于以"多规合一"为基础推进规划用地"多审合一、多证合一"改革的通知》（自然资规〔2019〕2 号）精神，自然资源主管部门将建设项目选址意见书、建设项目用地预审意见合并，统一核发建设项目用地预审与选址意见书，不再单独核发建设项目选址意见书、建设项目用地预审意见。目前在改革的过渡阶段，多数地方仍暂按原有流程出具相关意见，需要注意相关新旧制度衔接。

②项目用地（海）预审意见。国家土地（海洋）行政主管部门根据土地利用总体规划和建设用地（海）标准，对项目建设用地（海）有关事项进行审查，出具项目用地（海）审查意见。管道运输企业编写建设项目用地（海）预审申请，填写建设项目用地（海）预审申请表，并根据要求，委托具有资质的土地勘测规划院（或其他单位）作为第三方单位完成土地利用总体规划的局部修改方案（以下简称调规）、组织听证会、专家论证会等工作，上述材料报送县、市、省国土部门审查，由省级土地（海洋）行政主管部门（自然资源厅、海洋局）出具用地（海）初审意见，建设单位将沿线涉及省（区、市）文件资料汇总组卷，最终报自然资源部出具项目用地（海）预审意见。建设项目选址意见书、建设项目用地（海）预审意见合并相关事项参照项目规划选址意见有关内容。

③项目社会稳定风险评估意见。管道运输企业委托专业机构编制社会稳定风险分析报告，由项目所在地政府或其有关部门指定的评估主体对社会稳定风险分析报告开展评估论证，提出社会稳定风险评估报告，出具评估意见。社会稳定风险评估意见应当作为可研报告、申请报告的重要内容，并设独立篇章。

④预可研报告完成后，管道运输企业委托专业咨询机构进行审查评估。预可研报告的审查首先经过管道运输企业项目建设单位的内部评审，修改通过后由管道运输企业委托专业咨询机构进行评审。

⑤可研报告通过专业咨询机构评审后，管道运输企业组织编制完成项目申请报告，待取得批复可研报告后，上报国家发展和改革委员会（国家能源局）项目申请报告的文件。

⑥国家发展和改革委员会（国家能源局）委托中咨公司等独立咨询机构对项目申请报告进行评估并出具评估报告后，国家能源局油气司起草核准批复文件，履行国家能源局、国家发展和改革委员会相关程序后下发项目核准批复文件。

图 2.2 为项目核准基本流程图。

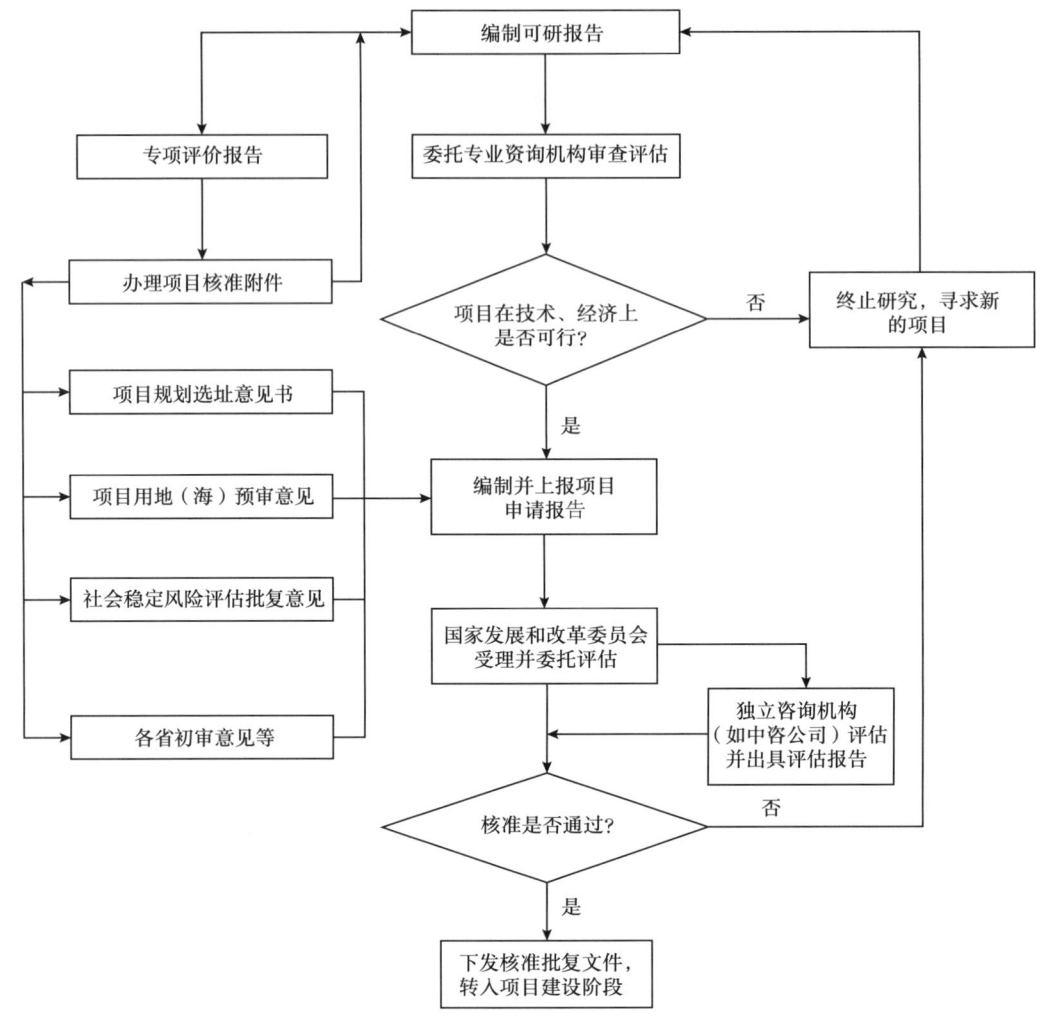

图 2.2 项目核准基本流程图

2.11 项目核准变更有什么规定？

取得项目核准文件的项目，有下列情形之一的，项目单位应当及时以书面形式向原项目核准机关提出变更申请。原项目核准机关应当自受理申请之日起 20 个工作日内作出是否同意变更的书面决定。

（1）建设地点发生变更的；
（2）投资规模、建设规模、建设内容发生较大变化的；
（3）项目变更可能对经济、社会、环境等产生重大不利影响的；
（4）需要对项目核准文件所规定的内容进行调整的其他重大情形。

2.12 项目核准延期有什么规定？

项目自核准机关出具项目核准文件或同意项目变更决定 2 年内未开工建设，需要延期开工建设的，项目单位应当在 2 年期限届满的 30 个工作日前，向项目核准机关申请延期开工建设。

项目核准机关应当自受理申请之日起 20 个工作日内，作出是否同意延期开工建设的决定，并出具相应文件。开工建设只能延期一次，期限最长不得超过 1 年。国家对项目延期开工建设另有规定的，依照其规定。

在 2 年期限内未开工建设也未按照规定向项目核准机关申请延期的，项目核准文件或同意项目变更决定自动失效。

2.13 项目核准（备案）如何进行事中事后监管？

2017 年《条例》切实落实了企业的投资自主权。同时为防止企业在固定资产投资项目方面的"任性"行为，确立了"谁审批谁监管、谁主管谁监管"的原则，采取在线监测、现场核查等方式，加强核准机关、备案机关以及其他有关部门的事中事后监管。《条例》同时提出了国家将建立在线平台，用于办理项目核准和备案工作。除涉及国家秘密的项目外，项目核准、备案均通过该在线平台实行网上受理、办理、监管和服务，实现核准、备案过程和结果的可查询、可监督。

2017 年《管理办法》进一步细化了事中事后监管机制，并明确了在线平台的使用方法、基本功能和运作流程等。根据《管理办法》规定，项目单位应当通过在线平台如实报送项目开工建设、建设进度、竣工的基本信息。项目开工前，项目单位应当登录在线平台报备项目开工基本信息。项目开工后，项目单位应当按年度在线报备项目建设动态进度基本信息。项目竣工验收后，项目单位应当在线报备项目竣工基本信息。如项目单位有《管理办法》第五十一条所列举的行为之一的，相关信息还将被列入项目异常信用记录，并纳入全国信用信息共享平台。

因此，《条例》和《管理办法》在立足更好地为企业投资活动服务的同时，也未放松对项目实施的监督检查。各监管部门可以依托在线平台加强对项目的事中事后监管，并通过在线平台实现各部门间对企业和项目信息的互通共享。

2.14 项目备案管理各个主体法律责任如何界定？

《管理办法》延续《条例》的规定，对与项目核准、备案有关的各个主体的法律责任均进行了界定，具体见表 2.2。

表 2.2 《管理办法》规定的与项目核准、备案有关的各个主体的法律责任

序号	相关主体	法律责任
1	项目核准机关、备案机关及其工作人员	超越法定职权核准或备案的，对不符合法定条件的项目予以核准的，对符合法定条件的项目不予核准的，擅自增减核准审查条件或者以备案名义变相审批、核准的，不在法定期限内作出核准决定的，不依法履行监管职责或者监管不力造成严重后果的，玩忽职守、滥用职权、徇私舞弊、索贿受贿的，所承担的法律责任包括责令改正，对负有责任的领导人员和直接责任人员由有关单位和部门依纪依法给予处分；构成犯罪的，依法追究刑事责任
2	项目核准、备案机关及国土（海洋）、规划、水利、环护、节能、安全监管、建设等部门	未依法履行监管职责的，对直接负责的主管人员和其他直接责任人员，依法给予处分；构成犯罪的，依法追究刑事责任

续表

序号	相关主体	法律责任
3	项目所在地地方政府有关部门	不履行企业投资监管职责的，对直接负责的主管人员和其他直接责任人员，依法给予处分
4	承担项目申请报告编写、评估任务的工程咨询评估机构及其人员，参与专家评议的专家	在编制项目申请报告、受项目核准机关委托开展评估或者参与专家评议过程中，违反从业规定，造成重大损失和恶劣影响的，依法降低或撤销工程咨询单位资格，取消主要责任人员的相关职业资格
5	项目建设企业	以分拆项目、隐瞒有关情况或者提供虚假申报材料等不正当手段申请核准、备案的，未办理项目核准手续开工建设或者未按照核准的建设地点、建设规模、建设内容等进行建设的，以欺骗、贿赂等不正当手段取得项目核准文件的，未按照规定备案或者向备案机关提供虚假信息、投资建设产业政策禁止投资建设项目的，在项目建设过程中不遵守国土（海洋）资源、城乡规划、环境保护、节能、安全监管、建设等方面法律法规和有关审批文件要求的，所承担的法律责任包括责令停止建设、责令停产、罚款等各项行政处罚；构成犯罪的，依法追究刑事责任

2.15 项目备案的基本要求是什么？

2017年《条例》首次明确了项目备案的方式和流程，《管理办法》在此基础之上，进一步明确了项目备案的流程和要求，具体见表2.3。

表2.3 项目备案基本要求

序号	分类	具体内容
1	备案时间节点	项目开工建设前
2	备案方式	通过在线平台进行
3	备案内容	项目单位基本情况、项目名称、建设地点、建设规模、建设内容、项目总投资额和项目符合产业政策声明，项目备案的基本信息格式文本由项目备案机关制定
4	备案完成标志	项目备案机关收到《管理办法》第四十条规定的全部信息即为备案
5	企业获取备案证明方式	通过在线平台自行打印或者要求备案机关出具
6	属于已备案项目信息较大变更需告知备案机关的情形	项目法人发生变化，项目建设地点、规模、内容发生重大变更，或者企业放弃项目建设的

2017年《条例》和《管理办法》所确立的备案方式，回归"备案"不属于行政许可的本来属性，真正体现了简政放权、降低企业负担、便利企业投资活动的宗旨。同时，政府部门可以通过在线平台及时掌握企业投资项目的真实情况和动态，对属于产业政策禁止投资建设、依法应实行核准管理的项目，或属于固定资产投资项目、依法应实施审批管理或不属于本备案机关权限的项目及时予以纠正，实现对企业和项目的有效监督管理和各部门之间的信息共享。

2.16 项目实行备案管理有什么具体规定？

项目实行备案管理的具体规定如下：

（1）实行备案管理的项目，项目单位应当在开工建设前通过在线平台将相关信息告知项目备案机关，依法履行投资项目信息告知义务，并遵循诚信和规范原则。

（2）项目备案基本信息格式文本具体包括以下内容：
①项目单位基本情况；
②项目名称、建设地点、建设规模、建设内容；
③项目总投资额；
④项目符合产业政策声明。
项目单位应当对备案项目信息的真实性、合法性和完整性负责。

（3）项目备案机关收到上述的全部信息即为备案。项目备案信息不完整的，备案机关应当及时以适当方式提醒和指导项目单位补正。项目备案机关发现项目属产业政策禁止投资建设或者依法应实行核准管理，以及不属于固定资产投资项目、依法应实施审批管理、不属于本备案机关权限等情形的，应当通过在线平台及时告知企业予以纠正或者依法申请办理相关手续。

（4）项目备案相关信息通过在线平台在相关部门之间实现互通共享。项目单位需要备案证明的，可以通过在线平台自行打印或者要求备案机关出具。

（5）项目备案后，项目法人发生变化，项目建设地点、规模、内容发生重大变更，或者放弃项目建设的，项目单位应当通过在线平台及时告知项目备案机关，并修改相关信息。

（6）实行备案管理的项目，项目单位在开工建设前还应当根据相关法律法规规定办理其他相关手续。

2.17　项目实行备案管理的基本流程是什么？

按照属地原则，企业应在开工建设前通过在线平台填报相关信息。图 2.3 为项目备案管理流程图。

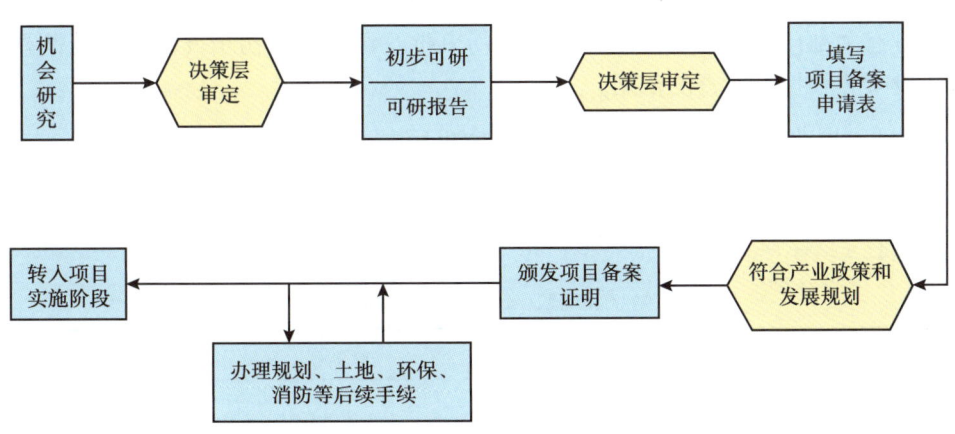

图 2.3　项目备案管理流程图

2.18　什么是项目审批制？

对于政府投资项目（指全部或部分使用中央预算内资金、国债专项资金、省级预算内基本建设和更新改造资金投资建设的地方项目），直接实行审批制，包括审批项目建议书、可研报告、初步设计。情况特殊、影响重大的项目，需要审批开工报告。

国务院、国家发展和改革委员会批准的专项规划中已经明确、前期工作深度达到项目建议书要求、建设内容简单、投资规模较小的项目，可以直接编报可研报告，或者合并编报项目建议书。

一般来讲，管道运输企业受国家委托建设进行的油气战略储备设施项目（国家或地方政府出资）需要按照审批制程序进行相关审批。

2.19 项目实施审批制的基本要求是什么？

项目实施审批制的基本要求如下：

（1）项目单位受国家或地方政府委托组织编制项目建议书，项目建议书应当由具备相应资质的工程咨询机构编制；项目建议书编制完成后，项目单位按照规定程序报送项目审批部门审批。

（2）项目审批部门对符合有关规定、确有必要建设的项目，批准项目建议书，并将批复文件抄送城乡规划、国土资源、环境保护等部门。

（3）项目单位依据项目建议书批复文件，组织开展可研，并按照规定向城乡规划、国土资源等部门申请办理规划选址、用地预审、社会稳定评估等审批手续，可研完成后上报项目审批部门。

（4）项目审批部门对符合有关规定、具备建设条件的项目，批准可研报告，并将批复文件抄送城乡规划、国土资源、环境保护等部门。

（5）项目单位可以依据可研报告批复文件，按照规定向城乡规划、国土资源等部门申请办理规划许可、正式用地手续等，并委托具有相应资质的设计单位进行初步设计。

（6）项目单位委托设计单位编制初步设计，按照程序报送项目审批部门审批。

（7）对于有已审批项目建议书、可研报告的项目，其初步设计（含核定投资概算）经国家或地方有关部门审核后，由项目审批部门审批。经批准的初步设计及投资概算应当作为项目建设实施和控制投资的依据。

2.20 核准制、备案制和审批制的异同点是什么？

核准制、备案制和审批制的异同点涉及适用范围、审核内容、程序环节三方面，具体差异见表2.4。

表 2.4 核准制、备案制和审批制的异同点

序号	异同点	核准制	备案制	审批制
1	适用范围不同	适用企业不使用政府资金投资建设项目和限制类项目	一般适用企业投资中小项目	只适用于政府投资项目
2	审核内容不同	政府从社会和经济公共管理角度审核，不负责考虑企业投资项目市场前景、资金来源、经济效益等因素	将相关信息告知项目备案机关，依法履行项目信息告知义务	对投资项目的全方位审批
3	程序环节不同	只有项目申请核准一个环节	只有项目备案一个环节	一般经过项目建议书、可研报告、初步设计多个环节

3 （预）可研报告

3.1 什么是（预）可研？

预可研也称初步可研，是在投资机会研究的基础上，对项目方案进行的进一步技术经济论证，对项目是否可行进行初步判断。

可研是运用多种科学手段（包括技术科学、社会学、经济学及系统工程学等）对一项工程项目的必要性、可行性、合理性进行技术经济论证的综合科学，是指在对项目做出投资决策之前，为分析项目的技术可行性、经济合理性和可持续性，从安全、经济、市场、技术、资源等与项目相关问题着手，全面分析、论证和评价，比较多种不同方案之间的优劣，从而选择项目建设的最优方案。

针对油气管道项目，可研具体来说就是通过对管道项目的主要内容和配套条件，如市场需求、油气资源供给、建设规模、工艺路线、设备选型、环境影响、资金筹措、盈利能力等，从技术、经济、工程等方面进行调查研究和分析比较，并对项目建成以后可能取得的财务、经济效益和社会影响进行预测，从而提出该项目是否值得投资和如何进行建设的咨询意见，为项目决策提供依据的一种综合性的分析方法。

可研与预可研衔接。资源、市场、建设的必要性、功能定位、工程规模和线路宏观走向主要在预可研阶段进行论证；可研阶段主要在预可研基础上论证工程建设方案（包括夯实线路路由合规性），确定投资规模，进行财务分析。

3.2 可研的作用和意义是什么？

可研的主要作用是为项目最终决策提供科学的依据，防止和减少决策失误而导致的损失，提高投资效益。具体作用包括以下 7 个方面：

（1）作为资金筹措和银行贷款的依据；
（2）作为与各协作单位签订合同和有关协议的依据；
（3）作为开展设计工作的依据；
（4）作为安排项目计划和实施方案，进行项目所需设备材料订货等的工作依据；
（5）作为开展环评、安全、节能等各类评价工作的依据；
（6）作为编制固定资产计划的依据，并可向项目建设地的政府和规划部门申请建设手续的依据；
（7）现行检查、审计、监察和验收的依据。

可研是确定建设项目之前具有决定性意义的工作，是在投资决策之前、对拟建项目进行全面技术经济分析的科学论证。在投资管理中，可研是指对拟建项目有关的自然、社会、经济、技术等进行调研、分析比较以及预测建成后的社会经济效益。在此基础上，综合论证项目建设的必要性、财务的盈利性、经济上的合理性、技术上的先进性和适应性，以及建设条件的可能性和可行性，从而为投资决策提供科学依据。

3.3 （预）可研工作如何启动？

列入企业中长期发展规划的油气管道项目，按照项目管理权限逐级委托开展（预）可研工作。（预）可研批复后，管道运输企业根据项目工期要求和项目管理区域范围，研究明确分段开展可研、核准和专项评价工作；其中投资 500 万元以下的工程建设项目、单台（套）200 万元以下的非安装设备购置项目，可研报告的编制内容可适当简化。

列入中长期发展规划的公司项目、四类项目原则上不开展（预）可研工作。

未列入相关中长期发展规划的项目，按管理权限逐级提出开展（预）可研申请，获得批准后再开展工作。

鉴于（预）可研等相关前期工作与项目建设单位管理制度息息相关，所以可以参考项目建设单位的项目管理模式，编制项目前期工作相关内容。

3.4 （预）可研报告编制单位如何确定？

（预）可研报告编制单位的选择，应按照国家、管道运输企业有关规定，采取招标或直接委托方式。采用招标方式的，其程序应符合国家招标投标法、管道运输企业招标管理办法。

可研编制单位应具备相应资质及同类项目工作业绩。需多家编制单位合作开展可研编制工作的，应明确牵头负责单位。跨多家项目管理单位的项目可研工作，原则上由一家设计单位（或设计联合体）承担。

3.5 可研报告编制单位的主要职责是什么？

可研报告编制单位的主要职责如下：

（1）按照与委托单位签订的合同或协议，以及相关可研报告编制规定编制项目可研报告，与专项评价充分结合，对可研报告质量负责。

（2）提交可研报告报审版（含纸质版和电子版），编制汇报材料，汇报成果。

（3）按照专家组评估意见对可研报告进行修改，报送可研报告修改版（含纸质版和电子版），并对专家组评估意见落实情况逐条作出书面答复。

（4）按照项目评估报告（含投资审核）完成可研报告报批版并提交。

3.6 管道项目可研报告编制的主要要求是什么？

管道项目可研报告编制关注的核心要体现在项目建设的必要性，资源市场的可靠度，线路路由合法性、合规性、合理性，技术方案的安全性、可靠性、合理性，工程投资经济性，土地资源的合理利用（控制用地指标，特别是耕地占用），项目风险可控性等方面。主要包括三方面，具体见表 3.1。

表 3.1　管道项目可研报告编制的主要要求情况

序号	关注方面	具体内容
1	合规性	可研报告编制应遵循国家有关法律法规和管道运输企业有关规定，其中，经济部分（包括项目投资估算、项目经济评价）执行石油建设项目可研投资估算编制有关规定和建设项目经济评价方法与参数有关规定
2	可行性	可研报告应全面、深入地论证项目建设的必要性和可行性，客观地反映研究过程和研究成果，实事求是地分析项目存在的主要问题，清晰、明确地提出研究结论和推荐方案
3	融合性	可研报告编制过程中，应参考同类项目后评价意见，重视后评价成果应用。新上投资项目应参考同类项目后评价意见；改扩建项目应对原项目进行后评价，后评价意见作为改扩建项目审批重要依据。可研报告编制单位提交的可研报告，应由编制单位行政、技术和经济主管负责人签字后，提交给委托其开展可研工作的项目建设单位

3.7　可研报告与项目核准附件如何衔接？

可研报告编制过程中，项目建设单位组织可研报告和专项评价报告编制单位进行现场踏勘，与地方规划、国土等部门结合，调研沿线项目所在地的国土空间规划，包括目前现行的土地利用现状和土地利用规划及生态红线保护区等，征求地方主管部门对线路路由和站场选址的意见，为项目确定建设方案提供坚定的法规依据。

项目建设方案要坚持"以地定案"原则，根据项目所在地的规划、用地等外围条件，设计合理、可行的建设方案，切忌单纯图上作业或衔接不紧密，轻易先行确定建设方案，然后再落实规划、用地等外围条件，造成建设方案经常因为规划、用地条件制约无法落地或需要进行重大调整，导致后续项目用地手续因建设方案深度问题增加工作难度和周期，甚至无法解决，项目长期处于非法状态。

可研报告与项目核准附件的衔接程序如图 3.1 所示。

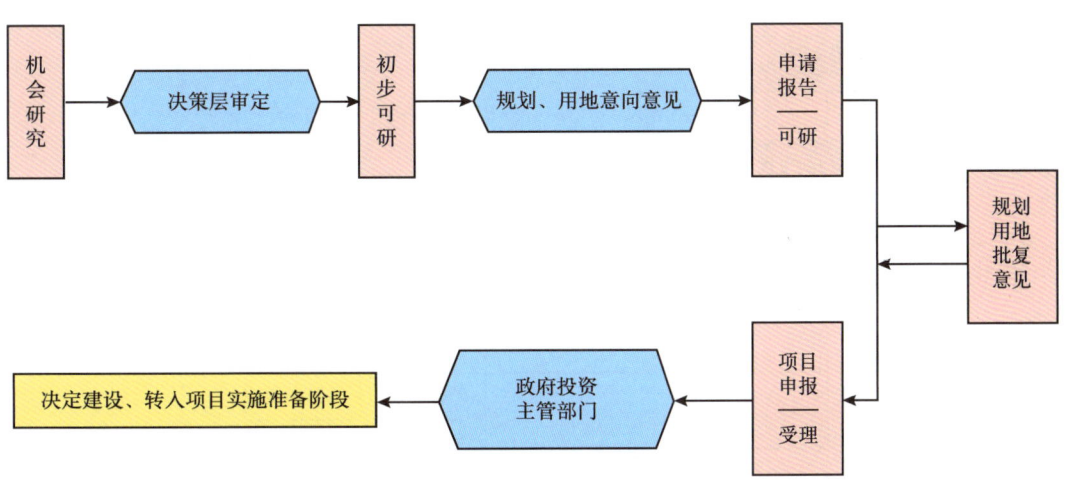

图 3.1　可研报告与项目核准附件的衔接程序

3.8 可研报告与专项评价成果如何衔接？

可研报告编制过程中，项目建设单位组织可研报告编制单位与专项评价中间成果进行衔接，并将有关成果纳入可研报告，保证可研报告方案依法合规。

可研阶段项目的相关专项评价主要包括环境影响评价、节能评估、安全预评价、地震安全评价、压覆矿产资源评估、地质灾害危险性评估、水土保持评价、职业危害预评价、文物调查工作等。

鉴于可研与专项评价同阶段开展，实际工作中二者存在一定的相互关系，需要建设单位组织可研报告编制单位、专项评价单位及时进行沟通衔接，确保建设方案满足各类专项评价法规要求。

管道项目可研报告与专项评价成果的衔接程序如图 3.2 所示。

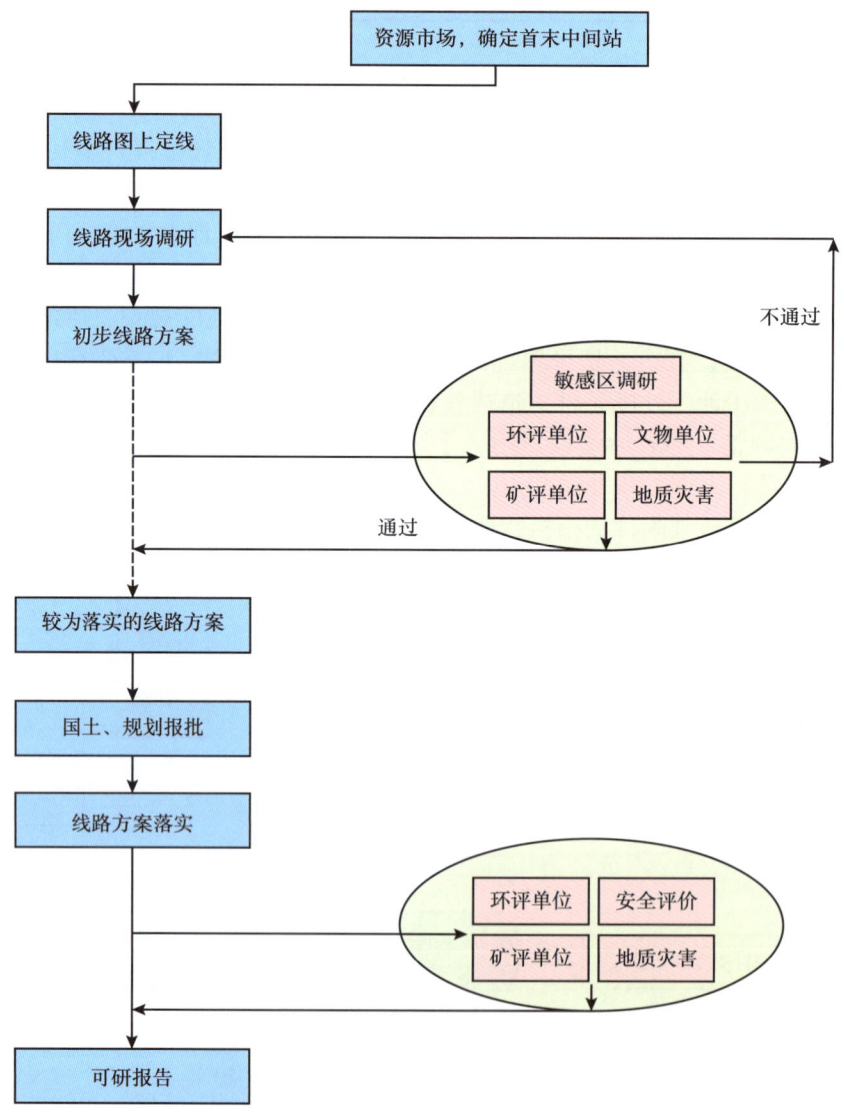

图 3.2　管道项目可研报告与专项评价结果的衔接程序

3.9 可研报告评估单位的主要职责是什么？

可研报告评估单位是指具备独立法人资格、相应资质和从事咨询业务的机构，主要履行以下职责：

（1）接受评估委托，成立评估项目组，制订评估工作计划，组织开展评估工作；

（2）对可研报告报审版进行预审，确定项目是否具备评估条件，将预审意见反馈给评估委托单位；

（3）组织对受评项目的现场调研；

（4）负责聘请专家并组成专家组，组织召开评估会议；

（5）组织专家核实可研报告修改版是否按照专家组评估意见进行了修改或补充说明；

（6）负责出具项目评估报告并报送评估委托单位；

（7）负责评估项目有关资料的存档，履行相应的保密责任；

（8）组织可研报告质量考评，并将质量考评结果提交评估委托单位；

（9）负责建设和维护专家库。

3.10 油气管道项目可研相关资源与市场资料需要注意开展哪些工作？

油气管道项目可研相关资源与市场资料需要注意开展的工作如下：

（1）对于天然气管道项目，项目建设单位需要协调项目相关天然气销售企业书面提供资源、市场等可研所需资料，与相关上下游企业协调确定工程界面和公用系统依托方案，协调成果应形成会议纪要或其他书面文件。

（2）对于原油、成品油管道项目，项目建设单位需要协调相关原油、成品油运营单位提供资源、市场等可研所需资料，与相关上下游企业协调确定工程界面和公用系统依托方案，协调成果应形成会议纪要或其他书面文件。

（3）项目建设单位如与相关单位无法达成一致意见，应向其总部专题报告申请协调，报告主要内容包括协调工作过程、主要问题及工作建议，并附相关成果文件。

（4）上报可研报告前，项目建设单位应落实项目资源和市场、确定相关上下游工程界面、取得项目专项评价中间成果并与可研结合、取得县级规划选址和用地预审意见（或意向性意见）等，并填写可研报告报审条件检查表，原则上报审评分超过70分，方可向其总部上报可研报告。

3.11 管道运输企业可研报告的评估程序是什么？

管道运输企业应组织开展管理权限范围内项目可研报告的评估，具体程序如下：

（1）项目可研报告应书面委托具备资质的第三方评估单位开展评估工作。四类项目中，对于工程内容简单、投资额度低、预期经济效益好的项目，可研评估工作可适当简化。

（2）受评项目可研报告的编制单位、技术提供者等利益关联方不得承担同一项目可研报告的评估工作。

（3）评估单位应在接受评估委托后开展评估预审，具备评估条件的项目，评估单位应组织召开评估会对项目可研报告进行评估；对于不具备评估条件的项目，评估单位应将预审意见反馈给评估委托单位，由评估委托单位通知可研报告上报单位对可研报告进行修改完善。评估预审主要包括可研报告编制单位资质合规性、可研报告内容完整性和附件齐全性等方面的审查。

（4）评估项目应成立评估专家组。原则上专家应涵盖受评项目所涉及的专业领域，具有实践经验的在职专家比例应占 50% 左右；根据项目性质和保密级别等情况，可选择一定数量的外部专家。专家组人员构成需经评估委托单位同意。

（5）评估单位收到评估委托后，与评估委托单位协商是否对受评项目进行现场调研，若开展现场调研，评估单位应成立调研组，与评估委托单位共同确定调研内容和调研计划；地区公司配合完成现场调研工作。

（6）评估单位接受委托后，应组织召开可研报告评估会，在评估会召开至少 5 天前应将可研报告送交评估专家审阅；评估会由评估单位主持，相关单位参加。

评估会应在各专业专家提出意见的基础上，形成统一的专家组评估意见，并对重要的不同意见进行说明。专家组评估意见应内容全面、重点突出、观点明确，具有指导性和可操作性，应指出项目存在的技术、经济等方面的风险，并提出规避风险的应对措施及建议等。

（7）经评估的项目，可研报告修改版中有关资源市场、建设规模、场址选择、输送工艺或介质、产品方案、投资估算与经济评价等内容发生重大变化的，评估单位应向评估委托单位提出复评建议，获得同意后开展复评工作。

（8）可研报告评估后，可研报告编制单位应根据专家组评估意见对可研报告进行修改和完善，提交可研报告修改版。提交可研报告修改版的同时，应附专家组评估意见逐条答复的书面材料，对没有采纳的意见要说明理由；项目主体方案或估算总投资发生重大变化的，应在可研报告修改版中说明原因。

（9）评估单位在收到正式的可研报告修改版后 20 个工作日内完成评估报告的编制和报送。评估报告应根据专家组评估意见、可研报告修改版及投资估算核定等进行编制，并将专家组评估意见和调研报告（若有）作为附件。评估报告应客观科学、实事求是，内容全面、论据充分、观点清晰、结论明确；应对项目建设必要性、资源与市场落实程度、建设规模、输送工艺或介质、产品方案、公用工程、节能、安全环保与职业卫生、组织机构与定员、投资估算、资金筹措及经济评价等方面提出明确的评估结论和建议，同时就项目投资及经济效益与其他同类项目进行比较和分析，并提出项目存在风险、应对措施及决策建议等。

（10）地区公司应根据项目评估报告（含投资估算和经济评价审核）组织可研报告编制单位调整可研报告的投资估算和经济评价等相关内容，经审核后向评估委托单位上报可研报告报批版。

3.12 可研报告的评估专家组如何组成？

评估项目应成立评估专家组。

原则上专家应涵盖受评项目所涉及的专业领域，具有实践经验的在职专家比例应占 50% 左右；根据项目性质和保密级别等情况，可选择一定数量的外部专家。

专家组人员构成需经评估委托单位同意。

3.13 可研报告及其编制单位和评估单位如何进行考评？

可研报告及其编制单位和评估单位的考评方式如下：

（1）可研报告质量考评。由专家及评估单位、评估委托单位、相关单位的参会代表在项目评估会现场进行，满分为100分，60分以上为合格，80分以上为良好，90分以上为优秀。考评得分低于60分的，应重新编制可研报告。

（2）可研报告编制单位考评。每年组织一次，由可研委托单位综合可研报告考评结果进行考评。年度考评结果将通报可研报告编制单位和相关可研工作管理单位，作为委托开展其他项目可研工作的重要参考。

（3）可研报告评估单位考评。每年组织一次，由可研评估委托单位根据评估工作及评估报告质量情况进行综合考评。年度考评结果将通报受评单位和相关管理单位，作为委托开展其他项目评估工作的重要参考。

3.14 可研报告的版本如何确定？

可研报告分为报审版、修改版和报批版。可研报告报审版是指经初审后申请评估的可研报告；可研报告修改版是指经评估单位组织评估后，根据专家组评估意见修改完成的可研报告；可研报告报批版是指根据评估单位出具的评估报告修改完成的可研报告。

3.15 可研报告批复文件的主要内容是什么？

可研报告的批复文件内容一般包括项目名称和建设规模、主要工程内容及技术方案、进口设备及材料要求、投资估算及资金来源、经济评价主要结论、项目投资估算表和投资效益评价等。

3.16 可研发生重大变更如何处理？

经批准的项目可研报告，存在以下情况的应重新编制可研报告并按照审批权限重新报批或项目取消。

（1）投资主体、资源市场、建设规模、场址选择、工艺技术、产品方案、投资估算与经济评价等内容发生重大变化的；

（2）批准超过两年未开展实质性工作的；

（3）初步设计概算总投资超过可研批复估算总投资10%及以上的。

3.17 可研什么情况下不会被批复？

存在以下情况的可研不予批复，项目应书面通知可研报告上报单位。

（1）达不到管道运输企业规定的效益标准；

（2）资源市场不落实；

（3）上中下游不匹配；

（4）合资合作项目合资方和重大条款不落实；

（5）建设资金来源不落实以及需要签署拆迁补偿协议而没有签署。

3.18 可研停止后相关前期费用如何处理？

项目可研因市场、资源等原因确需停止的，建设单位在接到上级部门下发的停止开展项目前期工作的相关通知后，组织梳理已经开始的项目前期工作发生的相关各类费用，包括开展预可研、可研、核准附件办理、专项评价及项目管理等其他费用，按照企业审计程序进行专项审计，确定相关项目发生的前期费用，之后行文上报上级投资主管部门进行专项核销。

上级投资主管部门按规定经过审查，下达相关项目前期费用核销通知，项目建设单位据此开展相关账务处理，完成项目前期费用最终核销。

4 规划选址

4.1 什么是建设项目规划选址？

建设项目规划选址管理是指城乡规划主管部门根据城乡规划及其有关法律法规对于以划拨方式取得国有土地使用权的建设项目进行确认或选择，保证各项建设能够符合城乡规划的布局安排，核发建设项目选址意见书的行政管理工作。

选址规划管理的主要任务包括保证建设项目的选址布局符合城乡规划；履行城乡规划的宏观调控职能；综合协调建设项目选址中的各种矛盾，促进建设项目前期工作顺利进行。

2019年9月17日自然资源部印发《自然资源部关于以"多规合一"为基础推进规划用地"多审合一、多证合一"改革的通知》（自然资规〔2019〕2号），将建设项目选址意见书、建设项目用地预审意见合并，自然资源主管部门统一核发建设项目用地预审与选址意见书，不再单独核发建设项目选址意见书、建设项目用地预审意见。

4.2 规划选址遵循的基本原则是什么？

规划选址遵循的基本原则如下：

（1）合理的用地性质。

符合城市性质、城市总体规划用地布局，符合永久基本农田控制红线，与周边性质相容；避开与项目性质不符或不相容的城市公益设施现有或规划用地；未经法定程序调整规划，不得改变用途；注意选址的重复性。

建设项目的选址必须考虑城乡规划确定的铁路、公路、港口、机场、道路、绿地、输配电设施及输电线路走廊、通信设施、广播电视设施、管道设施、河道、水库、水源地、自然保护区、防汛通道、消防通道、核电站、垃圾填埋场及焚烧厂、污水处理厂和公共服务设施的用地以及其他需要依法保护的用地，使建设项目的选址布局与城乡规划所确定的项目内容相协调，不发生相互冲突和重复或者是不恰当的选址布局。

（2）适当的用地规模。

建设规模符合拟选地址的容量；用地规模与建设规模相符合；建设规模不超出市政、公建配套设施及生活设施的配套要求；建设规模与周边交通、道路、通信、能源、防灾规划衔接、协调；使用农村土地或宅基地的建设项目还要注意安排被动迁的农民、居民的安置问题。

（3）用地布局。

选址不能造成对环境的污染和破坏，要符合城市环境保护规划。

生产或存储易燃、易爆、剧毒物质的工厂仓库等建设项目，以及严重影响环境卫生和公共安全的建设项目，应当避开市区，以免影响、损害和威胁居民的健康与安全。

产生有毒、有害物质的建设项目，应当避开城乡水源地和主导风向上风向，以及文物古迹和风景名胜保护区。产生放射性危害物质的建设项目和设施，必须避开市区和城乡居民密集区，同时必须设置防护工程，妥善考虑事故处理应急措施和废物的处理设施。

节约用地，尽量不占、少占近郊区的良田和菜地，各项建设用地应该充分利用劣地、差地、坡地和弃耕地。

城市建设项目应该集中成片发展，凡是有条件的建设项目应向多层建设方向发展，以节约用地和缩短工程建设管网，提高用地效率。

铁路货运干线、编组站、过境公路、机场、供电高压走廊及重要的军事设施应当避开居民密集的城市市区，以免割裂城市，妨碍城市发展。

（4）经济性原则。

建设项目应与所选用地的经济价值和使用价值相适应。

经济价值。土地的经济价值以地价、租金或费用作为表现，由于土地自然条件或是在城市中地理位置的差异，其价值也有级差。地价、租金或费用的市场调节机制使得城市土地利用结构同用地的价格相互依存、相互制约。

使用价值。土地的使用价值表现在可以在其上施加各种建设工程，以满足城市活动的需要。也可以通过人为的加工，使土地使用价值的深度和广度都得以延伸，如地上、地下空间开发以及地形、地貌的塑造等。

（5）安全性原则。

建设项目选址应符合环保、防疫、消防、交通、绿化、河港、铁路、防汛、农田水利、军事、国家安全等方面的要求。

（6）方便实施原则。

在方便实施原则下，要注意拆迁安置的方式是否合理，是否方便市政设施建设，是否留有余地等。

4.3 规划选址的办理方式是什么？

规划选址有自行办理和委托办理两种方式。

（1）自行办理。

建设单位可以根据管道经过沿线各省市建设厅对办理建设项目选址意见书的规定全程自行办理，设计单位进行配合。建设单位自行办理的具体方式如下：

①设计单位提供推荐方案管道线路走向图（1∶20000）和附带区域坐标点的站场平面布置图（1∶2000~1∶500），以及取得的管道沿线县（市）级规划部门和敏感点主管部门签署的规划选址意向书。

②建设单位持项目申请到管道沿线所有县（市）城乡规划行政主管部门领取建设项目选址申请表，会同申报材料报项目所在地的城乡规划行政主管部门。

③建设单位逐级上报和取得管道沿线所有县（市）、市（州、地）的城乡规划行政主管部门在建设项目选址申请表上签署意见并盖章。

④建设单位委托具有资质的城乡规划设计单位编制建设项目选址论证报告。

⑤建设单位将申报材料和选址论证报告上报省（区、市）城乡规划主管部门。

⑥省级城乡规划行政主管部门审查申报材料并核发建设项目选址意见书。

（2）委托办理。

油气长输管道通常经过多个省（区、市）和多个行政区域，项目规划选址工作协调和办理的工作量非常大，建设单位可以委托省（区、市）城乡规划行政主管部门认可的规划设计单位进行办理。

建设单位委托相关规划设计单位办理，需要协调设计单位提供推荐方案管道线路走向图（1∶20000）和站场平面布置图（1∶2000~1∶500），以及取得的管道沿线县（市）级规划主管部门签署的规划选址意向书。

4.4 什么是国土空间规划？

2019年1月23日，中央全面深化改革委员会第六次会议审议通过《关于建立国土空间规划体系并监督实施的若干意见》（以下简称《意见》）。5月23日，《意见》正式发布，标志着国土空间规划体系基本形成。

国土空间规划将原有主体功能区规划、土地利用规划和城乡规划等空间规划相融合，同时建设国土空间基础信息平台，形成全国国土空间规划一张图，是国家空间发展的指南、可持续发展的空间蓝图，是各类开发保护建设活动的基本依据。

国土空间规划体系按照国家空间治理现代化要求进行系统性、整体性、重构性的"四梁八柱"构建（表4.1）。具体而言，"四梁"是指从规划运行方面把规划体系分为规划编制审批体系、规划实施监督体系、法规政策体系、技术标准体系四个子体系。"八柱"是从规划层级和内容类型方面把国土空间规划分为"五级三类"。"五级"是指从纵向对应中国的行政管理体系，分别为国家级、省级、市级、县级、乡镇级；"三类"则是指规划的类型，分为总体规划、详细规划、相关专项规划。另外还划定好"三条线"，即生态保护红线、永久基本农田保护红线、城镇开发边界。通过规划层级层层落实，体现战略性。

表4.1 国土空间规划"四梁八柱"

序号	分类名称	分类依据	具体内容
1	四梁	规划运行	分为规划编制审批体系、规划实施监督体系、法规政策体系、技术标准体系四个子体系
2	八柱	规划层级和内容类型	把国土空间规划分为"五级三类"
3	五级	纵向对应国家行政管理体系	分别为国家级、省级、市级、县级、乡镇级
4	三类	规划类型	分为总体规划、详细规划、相关专项规划
5	三条线	管控红线的传导落实	生态保护红线、永久基本农田保护红线、城镇开发边界

4.5 国土空间规划编制有哪些要求？

国土空间规划编制要求表现在体现战略性、提高科学性、加强协调性、注重操作性和强化权威性5个方面，具体见表4.2。

表 4.2 国土空间规划编制要求

序号	要求事项	具体要求
1	体现战略性	落实国家重大决策部署; 自上而下编制
2	提高科学性	以"双评价"(环境承载力和国土空间开发适宜性评价)为基础; 布局三类功能空间(生态、农业、城镇); 划设三条管控边界(生态保护红线、永久基本农田、城镇开发边界)以及各类海域保护线,强化底线约束; 统筹地上地下空间综合利用,完善基础设施和公共服务设施; 延续历史文脉,加强风貌管控,突出地域特色
3	加强协调性	国土空间总体规划是详细规划的依据、相关专项规划的基础; 相关专项规划要相互协同,与详细规划做好衔接
4	注重操作性	约束性指标、刚性控制、指导性要求; 谁组织编制、谁组织实施; 纵向与横向同步推进的实施传导机制
5	强化权威性	先规划、后实施; 规划一经批复,任何部门和个人不得随意修改、违规变更; 将国土规划执行情况纳入自然资源执法督察内容

4.6 国土空间规划三条控制线的具体内容是什么?

2019 年 10 月 24 日,中共中央办公厅、国务院办公厅印发《关于在国土空间规划中统筹划定落实三条控制线的指导意见》,提出按照生态功能划定生态保护红线,按照保质保量要求划定永久基本农田,按照集约适度、绿色发展要求划定城镇开发边界。国土空间规划三条控制线划定情况具体见表 4.3。

表 4.3 国土空间规划三条控制线划定情况

序号	名称	概念	原则	划定	管控
1	生态保护红线	在生态空间范围内具有特殊重要生态功能、必须强制性严格保护的区域	按照生态功能划定生态保护红线	优先将具有重要水源涵养、生物多样性维护、水土保持等功能的生态功能极重要区域,生态极敏感脆弱的水土流失、经评估具有潜在重要生态价值区域和调整优化后自然保护地等区域划入生态保护红线	生态保护红线内自然保护地核心保护区原则上禁止人为活动,其他区域严格禁止开发性、生产性建设活动,在符合现行法规前提下,除国家重大战略项目外,仅允许对生态功能不造成破坏有限人为活动和重要生态修复工程
2	永久基本农田保护红线	为保障国家粮食安全和重要农产品供给,实施永久特殊保护地	按照保质保量要求划定永久基本农田	依据耕地现状分布,根据耕地质量、粮食作物种植情况、土壤污染状况,在严守耕地红线基础上,按照一定比例,将达到质量要求的耕地依法划入	全面梳理整改已经划定的永久基本农田中划定不实、违法占用、严重污染等问题,确保永久基本农田面积不减、质量提升、布局稳定
3	城镇开发边界	在一定时期内因城镇发展需要,可以集中进行城镇开发建设、以城镇功能为主的区域边界,涉及城市、建制镇以及各类开发区等	按照集约适度、绿色发展要求划定城镇开发边界	以城镇开发建设现状为基础,综合考虑资源承载能力、人口分布、经济布局、城乡统筹、城镇发展阶段和发展潜力,框定总量,限定容量,留一定比例的留白区,为未来发展留有开发空间	防止城镇无序蔓延,城镇建设和发展不得违法违规侵占河道、湖面、滩地

4.7 什么是专项规划和详细规划？

专项规划和详细规划是油气管道项目纳入国土空间规划体系的专门渠道和具体规定，具体情况如图4.1所示。

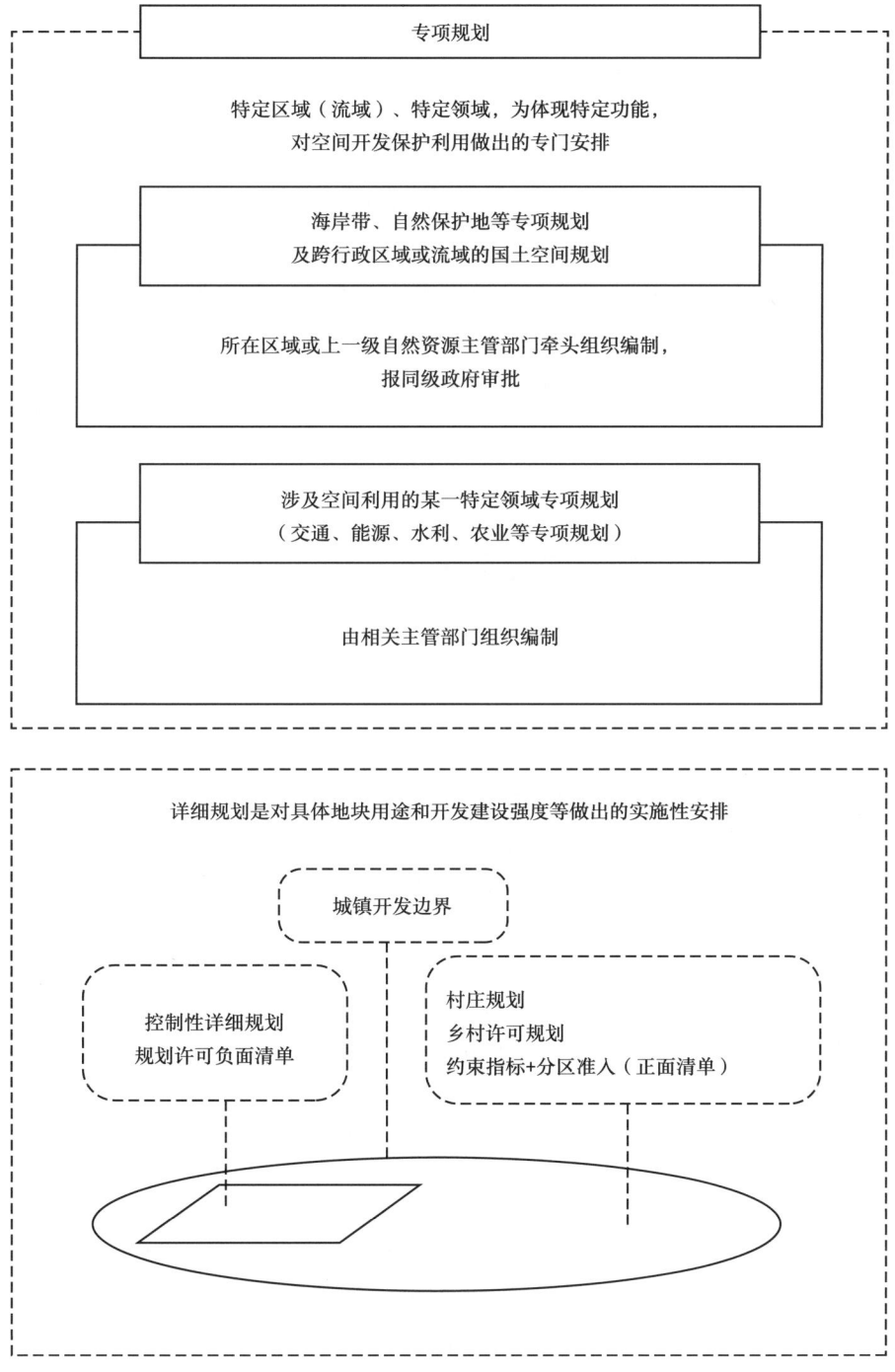

图4.1 专项规划和详细规划简况

4.8 为什么划拨方式以外的建设项目不需要申请选址意见书？

《中华人民共和国城乡规划法》第三十六条规定，按照国家规定需要有关部门批准或者核准的建设项目，以划拨方式提供国有土地使用权的，建设单位在报送有关部门批准或者核准前，应当向城乡规划主管部门申请核发选址意见书。前款规定以外的建设项目不需要申请规划选址意见书。

《中华人民共和国城乡规划法》第三十八条规定，在城市、镇规划区内以出让方式提供国有土地使用权的，在国有土地使用权出让前，城市、县人民政府城乡规划主管部门应当依据控制性详细规划，提出出让地块的位置、使用性质、开发强度等规划条件，作为国有土地使用权出让合同的组成部分。未确定规划条件的地块，不得出让国有土地使用权。以出让方式取得国有土地使用权的建设项目，建设单位在取得建设项目的批准、核准、备案文件和签订国有土地使用权出让合同后，向城市、县人民政府城乡规划主管部门领取建设用地规划许可证。城市、县人民政府城乡规划主管部门不得在建设用地规划许可证中，擅自改变作为国有土地使用权出让合同组成部分的规划条件。

通过有偿出让方式取得国有土地使用权的建设项目本身就具有与城乡规划相符的明确的建设地址和建设条件，无须城乡规划主管部门再进行建设地址的选择或确认，因此不需要申请选址意见书。

4.9 规划选址报批包括哪几方面工作？

规划选址报批主要包括以下方面工作：

（1）申请选址。

建设单位在编制建设项目可研时，应向建设项目所在地县、市、直辖市人民政府城乡规划行政主管部门提出建设项目选址申请。

（2）城乡规划行政主管部门参加选址。

城乡规划行政主管部门与发展改革、建设单位等有关部门一同进行建设项目的选址工作，包括现场踏勘，共同商讨，对不同的拟建地址进行比较分析，到各有关部门单位了解情况，并提出规划建设意见。

（3）城乡规划行政主管部门的选址审查。

城乡规划行政主管部门参与建设项目可研阶段的选址工作。经过调查研究、建设条件分析和多方案比较论证，对建设项目选址进行审查。必要时应组织专家论证会进行慎重研究。

4.10 规划选址主要前期工作是什么？

规划选址前期工作主要包括管道线路路由的确定和工艺站场的选址。设计单位对线路路由和工艺站场位置进行选定，并取得管道沿线县（市）城乡规划主管部门的意向性意见；与环评单位等评价单位共同对沿线的环境敏感区、生态红线区进行识别，对不能避绕的环境敏感区、生态红线区应征求相关业务主管部门的意见。管道线路路由及工艺站场选址一般应经过的阶段见表4.4。

表 4.4　线路路由及工艺站场选址阶段情况

序号	阶段	主要工作
1	图上研究比选阶段	根据项目资源及市场的分布情况和所经区域地形地貌特点，选择适宜比例的地形图或（和）遥感图，在地形图上进行方案初选和比选，得出初步推荐的线路方案，包括沿线工艺站场的初步位置
2	现场踏勘调研阶段	通过对全线的踏勘调研，了解沿线地形地貌特点、交通和社会依托条件以及现场情况与地形图上反映信息的差异或变化等。重点工作包括： （1）对沿线的控制性工程[一般指河流大中型穿（跨）越、山体隧道等]或施工难点[一般指复杂山区段、水网（沼泽）段或煤矿等采空区塌陷段等]进行重点踏勘。 （2）对沿线经过的县（市）级以上行政区划的规划（建设）、国土、环保、水务、文物等部门进行调研和资料收集，对于长江、黄河等重点河流的穿（跨）越还需到相关的管委会进行调研，对于经济发达地区如有必要还需到乡镇级主管部门进行调研，尽最大可能了解沿线的规划用地情况，矿产资源分布，河（航道）的整治情况，水源地、风景区、自然保护区等环境敏感区分布情况等。 （3）针对地形图上确定的工艺站场初步位置，到相应的行政区划地界范围内进行实地踏勘，了解场地条件和交通、水、电、生活等社会依托。调研规划条件，重点包括拟选场地及附近区域是否与当地规划有冲突，周围是否有拟建和拆迁场区
3	方案优化阶段	根据现场踏勘调研阶段收集到的现场信息对初选方案进行优化调整，得出推荐方案。同时绘制管道线路走向图（1:50000），附带区域坐标点的站场平面布置图（1:1000~1:500）
4	取得规划选址意向意见	设计单位持建设单位介绍信，以建设单位名义将推荐的管道线路走向图和站场平面布置图向管道沿线县（市）规划部门进行报批，通过反复的论证和方案调整，最终获得县（市）规划部门签署的选址意向意见或书面批复初步意见。 选址意向申请是以建设单位名义出具的非正式性文件，由设计单位以建设单位名义向地方城市规划部门申请办理，由地方城市规划部门出具初步意见。设计单位在取得规划选址意向书的过程中，需要建设单位支持和协调。 规划选址前期工作取得的管道线路路由和站场位置规划选址意向意见，是设计单位对推荐管道线路路由和站场位置的支持性文件，保证了设计方案的准确性；也是建设单位办理建设项目选址意见书的基础条件，保障顺利取得正式批复的选址意见书

4.11　规划选址报批的具体流程是什么？

一般向城乡规划行政主管部门进行规划选址报批的具体程序如下：

（1）项目建设单位持有关材料到规划部门窗口（以下简称窗口）申报。

（2）窗口工作人员在核收申报材料时，如发现有可以当场更正的错误，应当允许申请人当场更正；如发现材料不齐全或不符合要求，应当当场告知申请人需补正的全部内容。

（3）窗口工作人员在核收材料时，应进行报件登记并注明收件内容及日期。

（4）申报材料经窗口工作人员核收后，将申报材料转项目经办人。

（5）项目经办人接到窗口转来的申报材料，经审核认为需补正相关文件，一次性书面告知需补正的全部内容转窗口，由窗口通知申请人补正材料后重新申报。

（6）经审核申报材料合格后，项目经办人进行现场踏勘，符合选址要求的项目，报送规划部门办理；不符合规划要求的项目，由经办人填写退件说明转窗口发件。其中项目规划选址上报省自然资源厅（以河北省自然资源厅为例）的申报流程如图 4.2 所示。

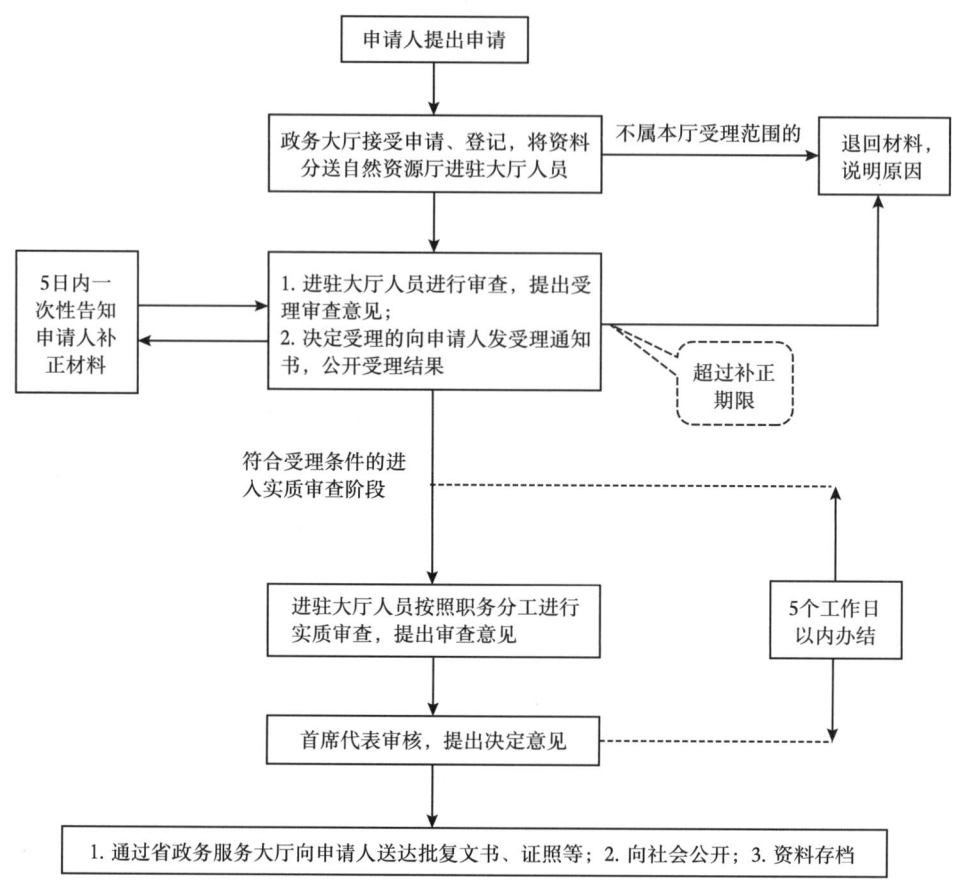

图 4.2 规划选址省厅申报流程图

4.12 规划选址报批的申报资料有哪些？

在申办建设项目选址意见书时须提交选址申请表，并按要求提供文件、图纸、资料，具体需要材料见表 4.5。

表 4.5 建设项目选址意见书申报资料清单

序号	需要提供的材料清单	材料要求
1	行政许可申请书、项目选址意见书申请表	按照样表格式填报
2	标明建设项目拟选位置的地形图（2000 国家大地坐标系），加盖项目所在地县（市）、设区市城乡规划主管部门公章（扫描成电子版上传）	项目选址意见申请表中 A 类项目地形图需涵盖与项目相邻道路、市政基础设施，比例尺一般采用 1∶1000 或 1∶2000；项目选址意见申请表中 B 类项目地形图需涵盖线路路径附近村庄、城镇及地质灾害区、风景名胜区等限制建设区范围，比例尺自定，但原则上不低于 1∶20000
3	由项目所在地城乡规划主管部门提供标出项目拟选用地位置的城市（乡）总体规划用地布局图和初审意见，加盖城乡规划主管部门公章予以确认	初审意见应说明项目拟选用地范围和"四至"，与城市、镇（乡）、村和风景名胜区规划区、文物保护单位建设控制地带范围的关系，建设项目控制要求

续表

序号	需要提供的材料清单	材料要求
4	批准类项目的项目建议书批准文件或者核准类项目拟报批的项目申请报告或项目列入规划文件或产业政策文件	—
5	补正材料	按照补正通知书认真进行材料补正
6	使用拟选址用地,对城市安全、周边环境等可能产生不利影响的建设项目(如500kV及以上输变电工程,跨区域的输油、输气管线工程等),应附建设项目选址论证报告及专家审查意见	项目范围:(1)未纳入依法批准的城镇体系规划、城乡总体规划、相关专项规划的交通、水利、电力、通信等区域性重大基础设施项目;(2)因建设安全、环境保护、卫生、资源分布以及涉密等原因需要独立选址建设的国家或省重点建设项目、棚户区改造项目;(3)使用拟选址用地,对城市安全、周边环境等可能产生不利影响的建设项目(如500kV及以上输变电工程,跨区域的输油、输气管线工程等)

以上申报材料为河北省自然资源厅申报要求,各地在实际操作过程中对申报材料的要求有较大差异,要注意提前识别。

4.13 开展规划选址工作的基本要求是什么?

开展规划选址工作的基本要求具体见表4.6。

表4.6 开展规划选址工作的基本要求

序号	要求名称	具体深度要求
1	项目建设方案深度要求	设计单位办理管道线路路由走向和站场规划选址意向书时,需要向城市规划部门提供线路路由走向图(1:50000)和站场平面布置图(1:1000~1:500)以及大致的占地面积。线路走向图应尽量采用最新版本的地形图,当不能及时获得比例尺为1:50000的地形图时,也可采用比例尺为1:100000或地方规划部门认可的地形图。站场平面布置图应考虑可能的变更因素,征求意见采用的站场范围应尽量不小于以后实际征用面积
		办理建设项目选址意见书时,设计单位提供的文件应达到以下深度要求: (1)要求线路走向路由图采用目前最新版的地形图,比例尺一般不小于1:50000;对于人口聚居区或工业厂房密集区等特殊的地段,要根据规划部门要求尽可能提供比例尺为1:10000的地形图;对于无法得到较大比例地形图的地区,可以采用分辨率较高的卫星遥感图,并进行必要现场踏勘工作。管道线路走向图应明确标注各重要拐点位置和坐标。 (2)站场平面图采用1:500或1:1000的比例尺,并能体现站场内各功能分区。尽可能提供各站场区域的坐标(采用2000国家大地坐标系),以满足地方城市规划部门进行叠图需求。对于特殊区域,应根据地方规划行政部门的要求提供站场位置区域示意图,比例尺应根据当地规划部门提供的规划区域图比例进行适当调整。 (3)对于重要的河流、铁路(高铁)、高速公路、控制性工程区域以及各敏感区,设计单位要在线路走向图上明确标注穿越位置区域。 (4)设计单位应提供管道沿线各规划部门批复的线路路由和站场位置规划选址意向书,要求获得各规划部门明确的书面批示意见或建议。对于重要的河流、铁路、高速公路、控制性工程区域以及各敏感区,应获得主管部门的书面意向性批复或建议
2	加强沟通协调	由于长输管道工程为线性工程,不可避免地会与地方规划有所冲突,需要设计单位在前期阶段与规划部门进行反复结合和沟通,管道线路路由和工艺站场位置要尽可能避开规划区和环境敏感区。在满足规划部门要求的条件下,选择确定出最优的线路走向方案和站场位置。 管道地区公司和上级主管部门应该积极加强各地方政府部门和规划部门的协调工作,以加快和促进设计工作的进展

续表

序号	要求名称	具体深度要求
3	调整规划	在城市规划区内申请各类建设项目选址必须符合城市规划，服从规划管理。当管道线路必须穿越规划区、环境敏感区，或工艺站场无法避让规划区、环境敏感区、生态红线区时，须申请城市规划行政主管部门先依法对相关城乡规划进行调整后，再进行建设项目选址申请受理和初审工作
4	红线区批复	对于管道通过水源地、自然保护区等环境红线区，规划部门会要求环境红线区主管部门提供意见。项目建设单位、设计单位首先应向规划部门做好解释工作，同时加快办理穿越水源地、自然保护区等红线区的批复意见
5	线路阀室	在项目前不能确定准确的线路阀室位置，在办理规划选址时应尽量给予充分说明
6	站场测量图	在办理工艺站场位置规划选址时，地方城市规划行政主管部门要求提供工艺站场的区域坐标，以便进行规划图的叠图工作。管道地区公司应按照《输油管道工程项目可行性研究报告编制规定（试行）》《输气管道工程项目可行性研究报告编制规定（试行）》组织设计单位开展站场的初步勘查和测量工作，使项目内容和深度达到规定要求，满足核准需要

4.14 规划选址可研报告的主要内容有哪些？

建设项目规划选址可研报告（习惯称为规划选址论证报告）的主要内容如下：
（1）建设项目基本情况及建设基本要求；
（2）论证的法律、技术、政策依据及遵循的原则；
（3）建设项目所在区域的资源环境、经济社会、城乡建设、土地利用、基础设施及同类项目的有关情况；
（4）建设项目与城市规划布局的协调符合性分析；
（5）建设项目与城市交通、通信、能源、市政、防灾规划的衔接与协调；
（6）建设项目配套的生活设施与城市生活居住及公共设施规划的衔接与协调；
（7）建设项目对城市环境可能造成的污染影响，以及与城市环境保护规划和风景名胜、文物古迹保护规划的衔接与协调；
（8）论证报告成果还应包括规划论证说明和相关规划设计图纸；
（9）选址论证结论等内容；
（10）论证报告内容可根据项目的不同情况有所侧重，有多方案比选的应提出推荐方案。
以上规划选址论证报告主要内容为一般要求，各地在实际操作过程中可能有所差异。

4.15 规划选址进行审查的要点是什么？

规划选址进行审查的要点如下：
（1）核定土地使用性质。
建设项目的土地使用性质必须与批准的规划相一致。凡确实需要改变的规划用地性质且对城乡规划实施无碍的，应先按照程序报政府审批后进行规划调整并核定容积率。建筑容积率是保证城市土地合理利用的重要指标，对于已批准控制性详细规划的地块，原则上按照批准的控制性详细规划核定容积率。
（2）核定建筑密度。
居住类项目建筑密度的核定应该符合《城市居住区设计规范》的要求，保证建设项目建成后有良好的空间环境质量，并满足绿化、停车、人流疏散空间以及变电站、煤气调压站、热交换站等配套设施的用地面积，同时还要考虑消防、卫生、日照、通风等因素。工业类项目要符合相应规范要求。

（3）核定土地使用其他规划设计要求。

在项目选址时还应该对绿地率、建筑高度、退让各种控制线的距离、城市设计、建筑形式、停车泊位、出入口的设置、市政设施的配套等方面提出具体要求。

4.16 规划选址取得的成果有哪些？

油气管道项目规划选址取得的成果主要包括：

（1）各省（区、市）建设厅颁发的建设项目选址意见书。

（2）各省（区、市）建设厅出具的红头批复意见，如"关于×××项目选址的规划意见"。

（3）以市、县为单位填写，逐级签署盖章的建设工程选址申请表，或者沿线城市出具的规划意见（包括市、县两级红头规划意见）。

（4）规划部门在1∶20000图纸上签字盖章的线路走向平面图

按照原有规定，一般情况下，后3项作为建设项目选址意见书的附件，建设项目选址意见书有效期一般为1~2年。根据2019年9月17日自然资源部印发《自然资源部关于以"多规合一"为基础推进规划用地"多审合一、多证合一"改革的通知》（自然资规〔2019〕2号）精神，建设项目选址意见书、建设项目用地预审意见合并，自然资源主管部门统一核发建设项目用地预审与选址意见书，建设项目用地预审与选址意见书有效期为3年，自批准之日起计算。

4.17 违反规划选址法规需要承担哪些法律责任？

项目建设单位不按照法规办理相关规划选址手续，违反《中华人民共和国城乡规划法》（2019年最新修订），需要承担以下法律责任：

（1）第六十四条：未取得建设工程规划许可证或者未按照建设工程规划许可证的规定进行建设的，由县级以上地方人民政府城乡规划主管部门责令停止建设；尚可采取改正措施消除对规划实施的影响的，限期改正，处建设工程造价百分之五以上百分之十以下的罚款；无法采取改正措施消除影响的，限期拆除，不能拆除的，没收实物或者违法收入，可以并处建设工程造价百分之十以下的罚款。

（2）第六十六条：建设单位或者个人有下列行为之一的，由所在地城市、县人民政府城乡规划部门责令限期拆除，可以并处临时建设工程造价一倍以下的罚款。

①未经批准进行临时建设的；

②未按照批准内容进行临时建设的；

③临时建筑物、构筑物超过批准期限不拆除的。

4.18 规划选址过程中应该注意的事项有哪些？

建设单位在组织设计单位、中介机构开展项目规划选址工作时，过程中注意事项具体见表4.7。

表 4.7 规划选址过程注意事项

序号	事项名称	事项内容
1	慎重对待城市新区开发建设项目	要根据土地资源、水资源、能源等的承载能力，量力而行，妥善处理近期建设与长远发展的关系，合理确定开发建设的规模、强度和时序，坚持集约用地、节约用地、合理用地的原则，防止盲目发展建设。 要充分利用现有市政基础设施和公共服务设施，合理确定各项交通设施布局，完善城市基础设施的配置，防止讲排场、搞形式、追求形象工程和过高标准建设。 要严格保护大气环境、河湖水系等水环境，森林绿化植被等生态环境和自然资源，不能盲目采伐森林树木以及地下水资源，不能盲目建设污染工业企业。 要充分保护城市的传统特色，结合城市的历史沿革及地域特点，在新区开发建设中体现鲜明的地方特色
2	慎重对待旧城区的更新改建项目	要认真保护历史文化遗产和传统风貌，防止对现有景观风貌的破坏。 要合理确定旧城更新改建的拆迁项目，在保护历史格局、历史文化街区、传统风貌、文化古迹的前提下有机更新、合理拆迁，防止大拆大建。 要合理确定旧区的居住人口规模和建设规模，重点是对危房集中、基础设施落后、居住环境差的地段进行改建，不能大规模地盲目改建
3	保护历史文化名城名镇名村	《中华人民共和国城乡规划法》第三十一条规定，历史文化名城、名镇、名村的保护以及受保护建筑物的维护和使用，应当遵守有关法律、行政法规和国务院的规定。 在历史文化名城、名镇、名村的保护中，不仅要保护其各个历史时期留下的历史文化遗产，保护不可移动文物的历史原状，还应保护其承载的传统起居生活形态、文化习俗和人文精神，保护历史遗存的完整街道格局和建筑风貌以及独特环境
4	保护风景名胜区	要统筹安排、严格控制风景名胜区及周边乡、镇、村庄建设和各类项目建设，必须考虑自然资源有效保护和合理利用，不能对风景名胜资源造成破坏和影响
5	需要依法保护的用地，禁止擅自改变用途	在建设项目选址过程中必须注意经城乡规划确定的需要依法保护的用地，禁止擅自改变用途。这些用地，包括城乡规划确定的铁路、公路、港口、机场、道路、绿地、输配电设施及输电线路走廊、通信设施、广播电视设施、管道设施、河道、水库、水源地、自然保护区、防汛通道、消防通道、核电站、垃圾填埋场及焚烧厂、污水处理厂和公共服务设施用地，以及其他需要依法保护的用地。 这些用地是保障城乡居民生活、生产所必备的条件。实践证明，如果不对用地进行严格管制，将会对城乡发展直接造成安全隐患，导致人居环境质量下降，阻碍城乡建设的健康、有序、可持续发展
6	不得在建设用地范围以外作出规划许可	《中华人民共和国城乡规划法》第四十二条规定，城乡规划主管部门不得在城乡规划确定的建设用地范围以外作出规划许可。 一是为防止脱离实际，不顾环境资源承载力和经济条件，盲目扩大城市建设规模、圈占土地、随意开发建设的现象产生，法律规定将各项城乡建设项目约束在城乡规划确定的建设用地范围之内进行，建设单位只能在城乡规划确定的建设用地范围之内申请规划许可。 二是规范了城乡规划主管部门不得超出法定范围作出规划许可，只能依照法定条件和法定程序在城乡规划确定的建设用地范围内作出规划许可，否则就属于违法行为，应当依法承担相应的法律责任

4.19 规划选址实务操作的难点是什么？

规划选址实务操作的难点如下：

（1）选址论证报告的内容一般涵盖地质灾害、环评、压覆矿产等几乎所有专项评价的成果，尤其涉及生态保护红线、永久基本农田保护红线和策划城镇开发边界管控，需提前开展专项评价工作，避免专项评价工作进度滞后制约论证报告的编制和报批进度。

（2）由于管道沿线经过的县市较多，同时经常穿越所在县市规划区、环境敏感点、工业园区等区域，县市报批难度很大。部分省还要求提供乡镇甚至村委会意见，增加了规划选址工作的难度和报批周期。

（3）鉴于各地方政府对办理规划选址的要求差异较大，在开展工作前，应与当地规划部门充分结合，摸清要求、统一协调、有序开展工作。

（4）对于需要编制规划选址论证报告的项目，建议提早结合，尽早委托，以便对开展县、市级规划选址附件办理工作起到指导作用。

5 用地（海）预审

5.1 什么是用地（海）预审？

建设项目用地（海）预审是指自然资源主管部门在建设项目审批、核准、备案阶段，依法对建设项目涉及的土地（海洋）利用事项进行审查。旨在保证土地（海洋）利用总体规划的实施，充分发挥土地（海洋）供应的宏观调控作用，控制建设用地（海洋）总量。

建设项目用地预审制度是 1998 年修订的《中华人民共和国土地管理法》后确立的一项基本管理制度，是实施土地利用总体规划、严格土地用途管制的一项基本政策工具，是国家基本建设管理程序的重要环节，也是项目进行核准审批的关键前置条件之一。

5.2 用地（海）预审制度的历史沿革如何？

对比历次用地（海）预审制度改革，制度调整总体上呈现先增后减的趋势，这一变化与各调整阶段国家发展目标存在差异有关。因此，在何种程度上约束地方政府用地行为、确保地方发展经济的同时兼顾其他非经济目标，是建设用地预审变迁背后的核心问题。建设项目用地（海）历史沿革见表 5.1。

表 5.1 建设项目用地（海）历史沿革

序号	时间	主要事项	具体内容
1	1998 年前	对应政府审批	土地利用总体规划的编制、修改与实施的批准权掌握在与规划的空间范围对应的人民政府手中，地方"重审批轻规划，规划跟着审批走"现象普遍
2	1998 年 8 月 29 日	《中华人民共和国土地管理法》修订	明确提出实行土地用途管制制度，严格控制耕地转变为建设用地。上收部分土地利用总体规划编制、修改和实施批准权和农用转用审批权，并要求对有关事项进行审查，附具土地行政主管部门出具建设项目用地预审报告
3	2001 年 6 月 28 日	《建设项目用地预审管理办法》（国土资源部令第 7 号）颁布	进一步明确了项目用地预审原则和内容，并对用地预审提交材料、审查程序做出了规定，用地预审制度框架初步建立
4	2004 年 10 月 21 日	《国务院关于深化改革严格土地管理的决定》（国发〔2004〕28 号）颁布	国务院、原国土资源部充分认识到土地供应宏观调控作用，明确提出要加强项目用地预审管理
5	2004 年 10 月 29 日	《建设项目用地预审管理办法》（国土资源部令第 27 号）颁布	明确预审是建设项目的必要环节，进一步明确用地预审在建设项目用地中的定位，对用地预审权限进行了调整，不分圈内圈外，全部实行分级预审同级审查

续表

序号	时间	主要事项	具体内容
6	2008年11月12日	《建设项目用地预审管理办法》（国土资源部令第42号）颁布	衔接建设项目管理制度，对审批、批准、备案类项目预审的阶段进行调整；同时增加了征地补偿费用和矿山项目土地复垦资金的拟安排情况等审查内容
7	2016年11月29日	《建设项目用地预审管理办法》（国土资源部令第68号）颁布	调整目标是"简政放权，放管结合，优化服务"。调整减少了预审内容，避免重复审查，简化了建设项目申报要件

2001年建设项目预审制度正式建立，说明保护耕地、按照规划来布局建设项目的意识开始增强，但是保障经济发展需求仍是该阶段最重要的目标，因此预审主要关注建设项目用地是否符合土地利用总体规划、是否符合国家供地政策。

2008年保障经济平稳快速增长仍是主要目标，但是土地资源和环境保护、被征地农民权益等问题愈加受到重视，反映到预审制度上即是增加了预审查内容，行政约束力进一步加强。

2016年经济发展进入新常态，优化发展环境、激发市场活力、降低制度性交易成本成为主要方向，因此国家持续简化审批内容和程序，降低约束力成为必然选择。

5.3 用地（海）预审的作用机制是什么？

建设项目用地预审制度的产生，弥补了以前建设项目审批、核准、备案中的漏洞，强化了土地资源稀缺的特性，注重了人口、资源、环境之间的协调关系，为社会经济可持续发展和土地资源的可持续利用提供了科学的管理手段。其作用机制如下：

（1）理顺了人与土地的关系。

在现行的土地制度框架下，对于土地权利人，要完全确立与土地的利用和占有关系，必须经过自然资源主管部门土地供应的三个关键环节。第一个环节为建设项目用地预审制度，它的产生弥补了以前建设项目审批、核准、备案中的多个漏洞，强化了土地资源稀缺的特性，注重了人口、资源、环境之间的协调关系，为社会经济可持续发展和土地资源的可持续利用提供了科学的管理手段。

（2）理顺了人与土地的关系。

在现行的土地制度框架下，对于土地权利人，要完全确立与土地的利用和占有关系，必须经过自然资源主管部门土地供应的三个关键环节（第一个环节为建设项目用地预审，第二个环节为建设用地审批，第三个环节为土地登记）。从人与土地的关系来看，这三个环节起着不同的作用，具体如图5.1所示。

①建设项目用地预审旨在理顺人与土地的关系。由于土地具有显著公共特性和外部特征，该环节主要以土地合理利用为核心，以土地利用规划为基准，从宏观层面正确把握人们利用某地块的合理性和适宜性问题。

②建设项目用地审批旨在建立人与土地的关系。在这个阶段，主要从债权角度，依据相关法律法规，构建人与土地权利关系和利用关系。虽然此时土地权利人已经在法律上和事实上拥有了得到批准的土地权利，但如果权利人没有按照规定的各项权利进行开发建设

活动，国家仍然可以按照法律程序进行回收或更换地址或对土地经济进行重新评估。这仍是由土地资源稀缺性和显著公共特征所决定的。

③土地登记起着确认人与土地关系的作用。土地登记有一套严密的程序确保土地权利人按照建立人与土地关系的文件审查权利人是否按法定的要求完成开发建设活动，并确实可以投入正式使用。如有不符合之处，仍然可以按法律法规的要求不予登记，并进入相关的土地行政程序进行惩罚性处置。

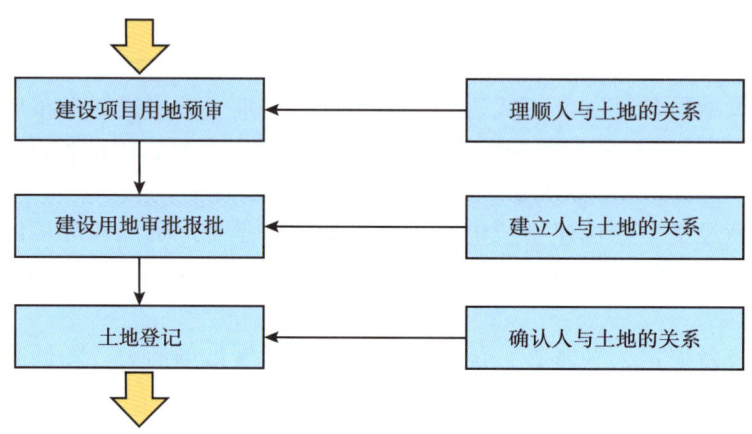

图 5.1　土地供应的三个环节

（3）在用地管理上变被动为主动。

建设项目用地预审的实施使用地管理工作提前到项目的审批、核准、备案阶段，相对于用地审批、农地转用审批和土地征用审批，起到了"第一道闸门"的作用，改变了以前用地管理跟着建设项目和用地红线走的被动局面，建设项目用地预审成了建设项目审批程序中的重要步骤。

①可以有力地促进规划的实施。

在预审阶段，自然资源主管部门和发展改革部门按行政程序要求，会与建设项目申请者不断进行沟通和协调，从而促使建设项目申请者充分认识到国土空间规划的重要性，并使其成为大家遵守的工作依据。

②实现土地宏观调控、促进土地可持续利用的有效手段。

在宏观经济中供地速度越快，投资（尤其是通过土地资本化得到的资金）速度越快，从而容易产生宏观经济过热的现象。预审程序的增设，一是增加建设项目申请人机会成本和时间成本，二是拉长了建设项目前期准备时间，三是用地更加科学合理，四是总体上和总量上延缓了建设投资步伐，达到宏观调控和土地可持续利用的目的。这是特定条件下选择土地供应作为宏观调控手段之一的根本原因。

③促进了存量土地的使用和供地方式的改革。

从预审管理办法可知，无论是增量用地，还是存量用地，其供应都必须符合规划，只要按规划来实施土地供应，就可切实避免擅自改变原划拨用地用途行为的出现，也避免了由此造成的损失与浪费；就可促使存量土地按规划、按计划发挥作用，维护了规划的权威性和城市布局的合理性。

5.4 现阶段用地（海）预审的依据有哪些？

现阶段用地（海）预审依据涉及国家颁布的法律法规 4 部，自然资源部、国家发展和改革委员会印发的政策文件 5 份，具体见表 5.2。

表 5.2 用地（海）预审依据汇总

序号	分类	依据名称	依据内容
1	法律法规	《中华人民共和国土地管理法》（2019 年 8 月 26 日修订）	第五十二条：建设项目可行性研究论证时，自然资源主管部门可以根据土地利用总体规划、土地利用年度计划和建设用地标准，对建设用地有关事项进行审查，并提出意见
2		《〈中华人民共和国土地管理法〉实施条例》（2014 年 7 月 29 日修订）	第二十二条和第二十三条：建设项目可行性研究论证时，由土地行政主管部门对建设项目用地有关事项进行审查，提出建设项目用地预审报告；可行性研究报告报批时，必须附具土地行政主管部门出具的建设项目用地预审报告
3		《企业投资项目核准和备案管理办法》（中华人民共和国国家发展和改革委员会令第 2 号）	第二十二条：项目单位在报送项目申请报告时，应当根据国家法律法规的规定附具以下文件：国土资源（海洋）行政主管部门出具的用地（用海）预审意见（国土资源主管部门明确可以不进行用地预审的情形除外）
4		《国务院关于深化改革严格土地管理的决定》（国发〔2004〕28 号）	项目建设单位向发展改革等部门申报核准或审批建设项目时，必须附国土资源部门预审意见；没有预审意见或预审未通过的，不得核准或批准建设项目
5	政策文件	《关于进一步加强和改进建设项目用地预审工作的通知》（国土资发〔2012〕74 号）	深化对用地预审内容的实质性审查，进一步做好对拟建项目选址、用地规模、占地类型、补充耕地初步方案等内容的审查，确保耕地保护和节约集约用地各项政策要求的落实；强化对建设项目征地补偿费标准的审查。需在用地预审阶段提交地质灾害危险性评估报告和压覆重要矿产资源证明材料的，要做好对有关内容的审查把关。建设项目使用土地，必须严格按照有关规定申请用地预审，未经预审或预审未通过的，不得申请审批（核准）项目，不得申请建设用地审批
6		《关于改进和优化建设项目用地预审和用地审查的通知》（国土资规〔2016〕16 号）	用地预审阶段，不再对补充耕地费用、矿山项目土地复垦资金安排情况进行审查，相应审查在用地报批阶段进行。 用地预审阶段，不再对单独选址的审批类建设项目是否开展地质灾害危险性评估进行审查。 用地预审阶段，不再对单独选址的审批类建设项目是否压覆重要矿产资源进行审查。 国家重点项目、线性工程等应避让基本农田，尽量不占或少占。确需占用基本农田或占用其他耕地规模较大（线性工程占用耕地 100 公顷以上、块状工程 70 公顷以上或占用耕地达到用地总面积的 50% 以上，不包括水库类项目）的建设项目，省级国土资源主管部门应组织踏勘论证。对国家和地方尚未颁布土地使用标准和建设标准的建设项目，以及确需突破土地使用标准确定的规模和功能分区的建设项目，应按要求组织开展建设项目节地评价。同时需要开展踏勘论证和建设项目节地评价的建设项目，可将两项工作合并开展，出具踏勘论证和节地评价报告
7		《自然资源部关于做好占用永久基本农田重大建设项目用地预审的通知》（自然资规〔2018〕3 号）	充分发挥用地预审源头把关作用，全面落实永久基本农田特殊保护的要求。重大建设项目必须首先依据规划优化选址，避让永久基本农田；确实难以避让的，建设单位在可行性研究阶段，必须对占用永久基本农田的必要性和占用规模的合理性进行充分论证
8		《自然资源部 农业农村部关于加强改进永久基本农田保护工作的通知》（自然资规〔2019〕1 号）	一般建设项目不得占用永久基本农田；重大建设项目选址确实难以避让永久基本农田的，在可行性研究阶段，省级自然资源主管部门负责组织对占用的必要性、合理性和补划方案的可行性进行严格论证，报自然资源部用地预审
9		《国务院关于授权和委托用地审批权的决定》（国发〔2020〕4 号）	将国务院可以授权的永久基本农田以外的农用地转为建设用地审批事项授权各省、自治区、直辖市人民政府批准。试将永久基本农田转为建设用地和国务院批准土地征收审批事项委托部分省、自治区、直辖市人民政府批准

5.5 用地（海）预审的原则是什么？

用地（海）预审的原则如下：

（1）符合土地利用总体规划（国土空间规划）。

项目用地是否符合土地利用总体规划是用地预审的首要审查要点，项目用地列入省级规划、市（县）级规划或者乡镇级规划中的任何一个，都视为符合规划。列入规划的表现形式包括：①列入规划重点建设项目清单；②用地位置在规划图上反映出来，并纳入允许建设用地区范畴。目前土地利用总体规划正在与相关规划进行融合，形成统一的国土空间规划，届时项目用地预审首先审查是否符合国土空间规划。

《建设用地预审管理办法》（中华人民共和国国土资源部令第68号）第九条指出，属于《中华人民共和国土地管理法》第二十六条规定情形，建设项目用地需修改土地利用总体规划的，应当出具规划修改方案。《中华人民共和国土地管理法》第二十六条（第二十五条）的实质就是指建设项目不符合土地利用规划，但如果符合国家行业发展规划、国家产业政策和供地政策等相关的法律法规，仍然可以进行预审。

（2）保护耕地，特别是基本农田。

建设项目用地在选址阶段尽量少占耕地，特别是避免占用永久基本农田。占用耕地规模大需根据《关于改进和优化建设项目用地预审和用地审查的通知》（国土资规〔2016〕16号）文件要求在预审阶段进行踏勘论证；占用基本农田需根据《自然资源部关于做好占用永久基本农田重大建设项目用地预审的通知》（自然资规〔2018〕3号）、《自然资源部 农业农村部关于加强改进永久基本农田保护工作的通知》（自然资规〔2019〕1号）等文件要求进行占用永久基本农田合理性和必要性说明，认真组织编制规划修改方案暨永久基本农田补划方案并进行踏勘论证。相应报批手续也更加烦琐。

（3）合理和集约节约利用土地。

各类建设项目应严格按照工程建设项目用地控制指标的要求，控制各功能分区用地指标。石油天然气工程项目建设按照《石油天然气工程项目建设用地指标》（建标〔2009〕7号）的要求，坚持保护耕地，合理、集约利用土地和实现土地可持续利用的思想。根据《关于改进和优化建设项目用地预审和用地审查的通知》（国土资规〔2016〕16号），对国家和地方尚未颁布土地使用标准和建设标准的建设项目，以及确需突破土地使用标准确定的规模和功能分区的建设项目，应按要求组织开展建设项目节地评价。

（4）符合国家供地政策。

各类项目应符合中央和地方供地政策，符合规划的建设用地指标和占用耕地指标。建设项目应符合《限制用地项目目录（2012年本）》和《禁止用地项目目录（2012年本）》的要求，符合产业政策。

5.6 用地预审各级主管部门的审查界面如何确定？

建设项目用地实行分级预审，由各级自然资源部门按照相应权限分级审查，项目建设单位按照区县、地市、省、自然资源部逐地逐级报送进行审查，具体见表5.3。

表 5.3 各级主管部门审查界面情况

序号	主管部门	审查事项
1	报自然资源部预审	需国务院或国家发展和改革等部门审批、核准、备案建设项目，报自然资源部预审。由建设单位向自然资源部提出预审申请，抄送省级自然资源部门，省级自然资源部门提出初审意见后，连同用地单位预审申请报送自然资源部。 应当由自然资源部预审的建设项目，自然资源部委托项目所在地的省级自然资源主管部门受理。但建设项目占用规划确定的城市建设用地范围内土地的，委托市级自然资源主管部门受理，受理后提出初审意见，转报自然资源部。 涉密军事项目和国务院批准的特殊建设项目用地，建设用地单位可直接向自然资源部提出预审申请。应当由自然资源部负责预审的输电线塔基、钻探井位、通信基站等小面积零星分散建设项目用地，由省级自然资源主管部门预审，并报国土资源部备案。 根据《自然资源部 农业农村部关于加强改进永久基本农田保护工作的通知》（自然资规〔2019〕1号）文件要求，建设项目占用基本农田的报自然资源部用地预审。根据《自然资源部关于贯彻落实〈国务院关于授权和委托用地审批权的决定〉的通知》（自然资规〔2020〕1号）文件要求，对应国务院授权和委托的用地审批权，将部的用地预审权同步下放省级自然资源主管部门
2	报省级自然资源部门预审	需省级人民政府或省级发展和改革等部门审批、核准、备案的建设项目，由省自然资源部门预审，出具预审意见； 由建设单位向省级自然资源部门提出预审申请，抄送地市自然资源部门； 省级自然资源部门委托县市自然资源部门提出初审意见，报地市级自然资源部门审查； 省级自然资源部门负责审核后，向建设用地单位出具建设项目用地预审意见，抄送同级发展和改革、建设、环保等部门
3	报地市自然资源部门预审	需地（市）级人民政府或同级发展和改革等部门审批、核准、备案的建设项目，由该级自然资源部门负责预审； 建设单位向地市自然资源部门提出预审申请，抄送当地自然资源部门； 地（市）级自然资源部门委托县（市）级自然资源部门提出初审意见； 报地（市）级自然资源部门审核后，向建设单位出具用地预审意见，抄送同级发展和改革、建设等部门，抄报省级自然资源部门备案
4	报区县自然资源部门预审	需区县政府或同级发展和改革等部门审批、核准、备案的建设项目，由该级自然资源部门负责预审； 建设单位直接向县（市）级自然资源部门提出预审申请； 县（市）级自然资源部门审核后直接向建设单位出具用地预审意见，抄送同级发展和改革、建设等部门，抄报省级、地（市）级自然资源部门备案

5.7 项目用地的预审范围是什么？

根据《中华人民共和国土地管理法实施条例》第二十二条"具体建设项目需要占用土地利用总体规划确定的城市建设用地范围内的国有建设用地的，按照下列规定办理：建设项目可行性研究论证时，由土地行政主管部门对建设项目用地有关事项进行审查，提出建设项目用地预审报告；可行性研究报告报批时，必须附具土地行政主管部门出具的建设项目用地预审报告"和第二十三条"具体建设项目需要使用土地的，必须依法申请使用土地利用总体规划确定的城市建设用地范围内的国有建设用地。能源、交通、水利、矿山、军事设施等建设项目确需使用土地利用总体规划确定的城市建设用地范围外的土地，涉及农用地的，按照下列规定办理：建设项目可行性研究论证时，由土地行政主管部门对建设项目用地有关事项进行审查，提出建设项目用地预审报告；可行性研究报告报批时，必须附具土地行政主管部门出具的建设项目用地预审报告"的规定，具体建设项目需要占用土地利用总体规划确定的城市建设用地范围内和范围外的土地，必须进行用地预审。

在《关于改进和优化建设项目用地预审和用地审查的通知》（国土资规〔2016〕16号）中，明确不涉及新增建设用地在土地利用总体规划确定的城镇建设用地范围内使用已批准建设用地进行建设的项目可不进行建设用地预审，缩小了用地预审范围。

农村居民点建设，城镇建设规划区内实施招标、拍卖、挂牌的房地产开发，用地规模不增加、用途未发生变化的在原址上进行改建，地下管网建设项目无须进行用地预审。管道工程建设多为城市建设用地范围外的土地，属于单独选址建设项目，往往需要进行用地预审工作。

5.8 建设单位用地（海）预审应提交哪些资料？

根据《建设项目用地预审管理办法》（国土资源部令第68号）的相关规定，申请用地预审的项目建设单位，应当提交相关材料，具体见表5.4。

表5.4 建设单位用地（海）预审提交资料清单

序号	材料名称	材料要求
1	项目主管部门支撑要件	审批和核准项目：项目建议书及项目投资主管机关的相关批复文件或者相关告知文件；项目行业规划，里面必须明示该项目
2	项目可研报告（含电子版）	若项目可研报告中无土地利用章节，应协调建设单位提供土地利用专题报告
3	项目建设用地选址详图（纸质及电子版）	电子图应明确坐标系
4	项目用地明细表和功能分区表	表格为Excel，面积统一为公顷并保留4位小数
5	项目所在地自然资源部门需要的其他文件	相关政府部门对项目的批示文件，如规划选址意见、海洋局意见、勘测定界报告等

项目材料收集对下一步工作非常重要。通过对项目资料的分析、提炼，在正式开展工作之前对项目有一个较为明确的认识。材料收集完成后，根据可研报告和项目用地范围红线确定的各功能分区表，对比项目行业用地指标，确定项目用地指标是否符合行业用地指标。根据项目用地范围红线划分各区县用地范围。

个别项目（如原油战略储备项目）由于涉及国家机密，项目建议书批复可向自然资源主管部门出示，以开展用地预审工作，不随材料上报。

5.9 用地（海）预审省内流程是什么？

按照《建设项目用地预审管理办法》（国土资源部令第68号）和《建设项目用地预审审批事项服务指南》（国土资源部2017年4月6日发布），项目用地预审（以报自然资源部为例）工作可概括为"三级办理、二级审批"。

三级办理是指分别由县级自然资源主管部门核实完善资料、制订规划调整方案和组织踏勘等项工作；由省级自然资源主管部门完成初审工作；自然资源部组织会审，最后形成批复。

二级审批是指用地预审必须经过初审和会审两道环节，才能形成批复文件。

省内初审阶段是整个预审工作的重心之一，涉及层面广，工作量大，而且也直接决定着预审作业质量。

省内初审主要包含步骤如图 5.2 所示。

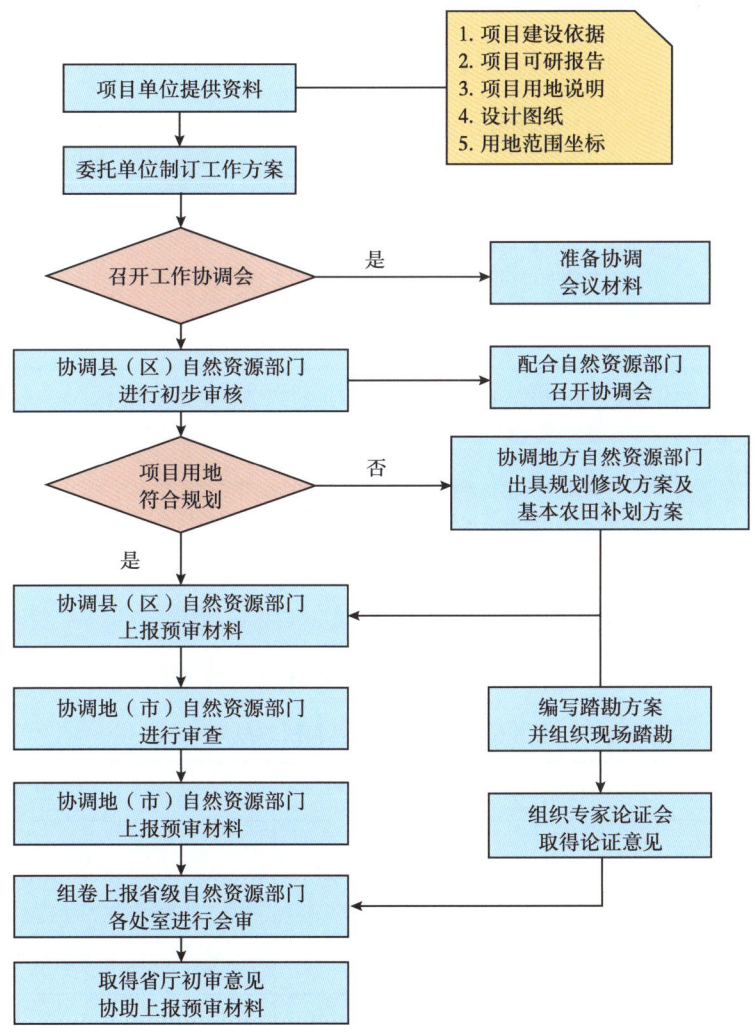

图 5.2　用地预审省内流程图

5.10　用地（海）县级预审有哪些主要工作？

用地（海）县级预审包括上图作业与核定地类及面积、编制规划修改方案暨基本农田补划方案说明、拟写项目申请表和申请报告与审查意见等文件、县级自然资源局审查四大块。

用地（海）县级预审是项目用地预审最基本、工作量最大、难度最大的阶段，往往也是工作周期最长的环节。具体见表 5.5。

表 5.5 用地（海）县级预审情况

序号	工作事项	工作内容
1	上图作业、核定地类及面积	将项目各县用地范围转绘到现状数据库中，核定项目占用现状地类面积； 将项目用地范围转绘到基本农田数据库中，核实项目占用基本农田面积； 将项目用地范围转绘到耕地等级数据库中，核定项目占用基本农田等级； 将项目用地范围转绘到土地利用总体规划图上； 作业过程中明确占用现状图的图幅号、图斑号及地类，并绘制完成相关图纸
2	编制规划修改方案暨基本农田补划方案说明	收集项目涉及乡镇、县的规划文本，县级材料预审清单目录（注意生态红线问题）及模板； 如果项目不符合县级规划，在县级层面具体落实规划修改方案，包括规划修改方案和基本农田补划方案； 规划修改方案说明项目用地与涉及县级规划是否符合以及符合规划的面积、不符合规划的面积； 基本农田补划方案应提供项目占用基本农田的地块坐标范围，基本农田补划地块的所在图幅号、图斑号、质量等级、面积，保证县级基本农田保有量不变，并绘制基本农田补划图纸
3	拟写项目申请表、申请报告、审查意见等文件	根据收集的资料拟写项目申请表、申请报告； 县级自然资源部门的审查意见，项目现状图、规划图、补划基本农田分幅图等内容，提交县级自然资源部门审查； 协助完成项目县级自然资源部门预审盖章出文工作
4	县级自然资源局审查内容	建设项目用地是否符合国家供地政策和土地管理法律法规的条件； 建设项目选址是否符合土地利用总体规划，不符合规划的规划修改方案是否符合法律法规的规定； 建设项目用地规模是否符合有关土地使用标准规定； 占用基本农田或者其他耕地规模较大建设项目，现场核实是否能避让等

5.11 用地（海）县级预审有哪些成果？

用地（海）县级预审工作结束后，提交给市级自然资源部门的主要预审成果见表 5.6。

表 5.6 用地（海）县级预审成果

序号	材料名称	备注
1	建设项目用地预审申请表	建设单位盖章
2	建设项目用地预审申请报告	建设单位盖章
3	县（区）级自然资源主管部门初审意见	自然资源主管部门盖章
4	项目建设依据	—
5	标注项目用地范围的规划图（调整前后）	自然资源主管部门盖章
6	标注项目用地范围的现状图	自然资源主管部门盖章
7	标注项目用地范围其他相关图件	主要涉及基本农田相关图纸
8	规划修改方案暨基本农田补划方案的说明	建设项目不符合规划
9	项目用地边界拐点坐标表、基本农田坐标表	—

5.12 用地（海）省级预审有哪些主要工作？

市级自然资源部门对材料进行审核后出具审核意见，上报省级自然资源部门，省级自然资源部门统一审查预审材料并组织论证土地利用与耕地保护报告，出具专家踏勘论证意见及省级自然资源主管部门初审意见。

5.13 用地（海）省级预审的工作要点是什么？

用地（海）省级预审的工作要点包括审核报告、图件审核、踏勘论证范围和踏勘论证重点四方面，具体见表 5.7。

表 5.7 用地（海）省级预审工作要点

序号	工作要点	要点内容
1	审核报告	基本农田补划方案重点审核（国土资规〔2018〕1号、自然资规〔2018〕3号文件要求）： 规划修改的原则和依据，规划修改总体情况，规划修改前后耕地保有量，基本农田、建设用地总规模，新建用地等规划空间指标调整情况，基本农田保护区、一般农田保护区等用途调整情况，特交水（特殊用地、交通用地、水利设施用地）等用地是否超过土地总体规划确定的指标； 有无方案比选、采取少占或不占用基本农田的措施、占用和补划永久基本农田情况表； 关于生态红线的说明
2	图件审核	图件包括土地利用现状图、土地利用总体规划修改局部图（修改前）和土地利用总体规划修改局部图（修改后）、永久基本农田占用和补划图（体现现有永久基本农田和城市周边范围线）、坐标范围与用地面积的审核
3	踏勘论证范围	占用永久基本农田情况。按照《自然资源部关于做好占用永久基本农田重大建设项目用地预审的通知》（自然资规〔2018〕3号）的要求，省级自然资源主管部门负责组织对占用永久基本农田的必要性、合理性和补划方案的可行性进行踏勘论证。 不占永久基本农田，占用耕地情况。按照《国土资源部关于改进和优化建设项目用地预审和用地审查的通知》（国土资规〔2016〕16号）的要求，确需占用其他耕地规模较大（线性工程占用耕地100公顷以上、块状工程70公顷以上或占用耕地达到用地总面积50%以上，不包括水库类项目）的建设项目，省级自然资源主管部门应组织踏勘论证
4	踏勘论证重点	建设方案合理性。重点论证：项目建设方案是否符合经批准的土地利用总体规划、行业发展规划和区域发展规划等，是否符合国家产业政策和供地政策，是否符合保护耕地、节约集约用地的要求。 项目用地选址合理性。重点论证：项目可研在选址多方案比较过程中，是把占用耕地和基本农田的数量作为方案优选的基本指标，是否存在为降低建设成本、减少拆迁等多占耕地或基本农田等问题。 项目用地规模合理性。重点论证：项目用地标准是否符合行业用地定额指标要求，是否存在土地利用粗放、"搭车"征地、多征少用等问题，发现问题及时纠正。 耕地补充方案可行性。重点论证：资金预算标准是否符合相关定额要求，是否提出资金保障措施，是否采取剥离耕作层等工程措施提高补充耕地质量。按照《中共中央 国务院关于加强耕地保护和改进占补平衡的意见》（中发〔2017〕4号）要求，补充耕地、土地复垦等费用是否足额纳入项目概算，占用基本农田的缴费标准按照当地耕地开垦费最高标准的两倍执行。 规划调整和基本农田补划方案合理性。重点论证：规划调整和基本农田补划程序是否符合规定，补划基本农田是否做到数量不减少、质量不降低，规划的局部调整是否对规划整体目标的实现有不利影响，是否采取措施避免或减缓不利影响，提出的措施是否合理可行

5.14 用地（海）省级部门报部有哪些主要预审成果？

用地（海）省级部门报部主要预审成果有七大类，具体见表 5.8。

表 5.8 用地（海）省级部门报部主要预审成果

序号	材料名称	电子化格式	需纸质材料
1	建设项目用地预审申请表	数据库表，PDF 文档	是
2	建设项目用地预审申请报告	PDF 文档	是
3	省级自然资源主管部门初审意见	PDF 文档	是
4	项目建设依据（项目列入相关规划文件、项目建议书批复文件等）	PDF 文档	是
5	标注项目用地范围的土地利用总体规划图、土地利用现状图、占用永久基本农田示意图（包含城市周边范围线）及其他相关图件	—	是
6	土地利用总体规划修改方案暨永久基本农田补划方案	PDF 文档	是
7	项目用地边界拐点坐标表、占用永久基本农田拐点坐标表、补划永久基本农田拐点坐标表	数据库表	否

5.15 用地（海）预审省级流程是什么？

报自然资源部预审阶段主要流程包括电子报盘、各处室会审、项目上部长办公会和下发批复，具体如图 5.3 所示。

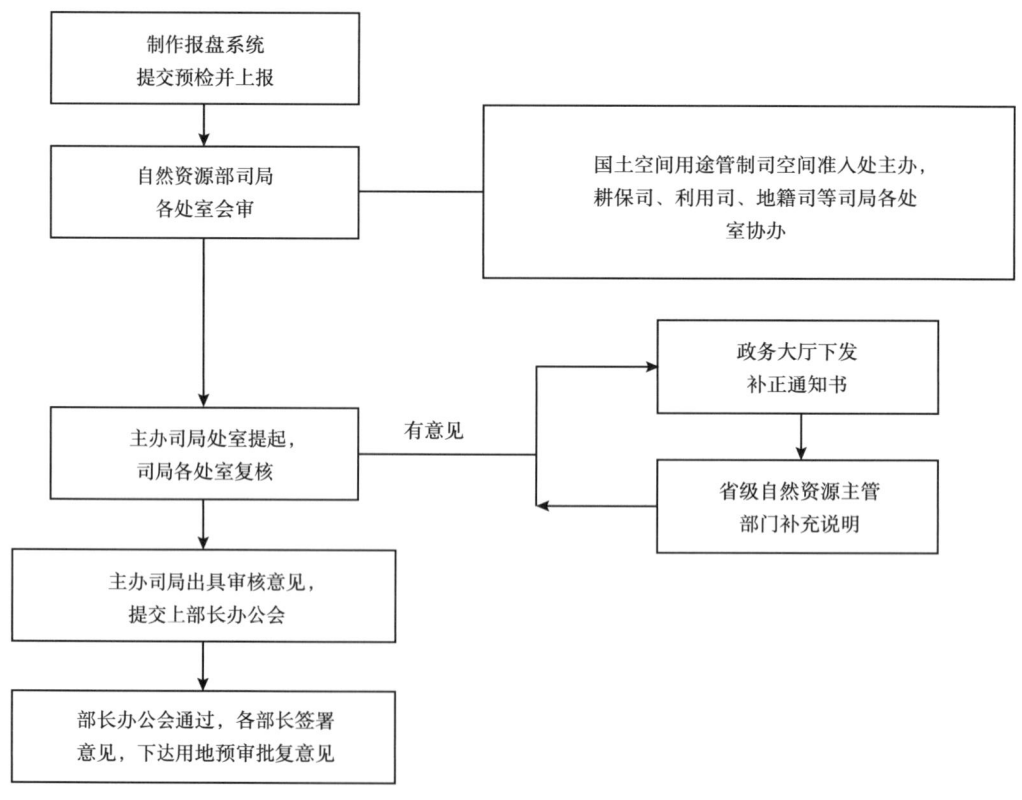

图 5.3 用地（海）预审省级流程

（1）电子报盘。预审报件第一难关是电子报盘的上传。在制作电子报盘时，所有文件都要转成 PDF 格式，所有坐标都要 txt 格式，所有文件大小最好控制在 100MB 以下。电子报盘上传成功之后，审核数据是否与申请表中面积有出入。

（2）各处室会审。材料在各司局初步审核，采用一票否决制；如有问题，由自然资源部办事大厅发补正材料通知书。根据相关司局提出的问题，协调委托方和设计单位对预审材料进行完善，再次征求各司局意见。

（3）项目上部长办公会。由主管部长提交审查报告，会审会形成最终审查意见。

（4）下发批复。部长办公会通过，各部长签署意见，下达用地预审批复意见。

5.16 永久基本农田补划的要点是什么？

永久基本农田补划的要点包括占用（减少）永久基本农田概况、占用永久基本农田的必要性、占用永久基本农田的合理性、永久基本农田占用（减少）和补划情况四部分，具体见表 5.9。

表 5.9 永久基本农田补划要点表

序号	要点名称	要点内容
1	占用（减少）永久基本农田概况	详细说明重大建设项目占用、经国务院批准生态建设、依法认定灾毁占用或减少永久基本农田的主要类型、具体位置； 说明拟占用或减少空间位置、具体数量、质量等别和地类
2	占用永久基本农田的必要性	说明不同选址选线方案占用永久基本农田比选情况； 详细说明对拟占用永久基本农田实地踏勘基本情况； 充分说明占用永久基本农田的必要性
3	占用永久基本农田的合理性	说明重大建设项目选址选线拟占用永久基本农田具体数量（包括水田面积）、平均质量等别、空间位置等情况； 详细说明通过综合考虑建设成本、工程施工难易度、占用永久基本农田不同情况； 选择项目选址选线拟占用永久基本农田的具体方案，明确经实地踏勘，该项目建设方案是否符合供地政策和节约集约用地要求，是否采取工程、技术等措施，减少占用永久基本农田，充分说明用地选址和占用永久基本农田的合理性
4	永久基本农田占用（减少）和补划情况	将实地踏勘论证后拟占用（减少）永久基本农田的用地范围与永久基本农田划定数据库套合进行分析，以县级行政区为单元，详细说明占用（减少）永久基本农田具体规模（含水田面积）、图斑数量、平均质量等别、空间位置等基本情况。涉及占用（减少）城市周边永久基本农田的，以县级行政区为单元，详细说明城市周边具体规模（含水田面积）、图斑数量、平均质量等别等情况，并附占用（减少）永久基本农田分布示意图（包含城市周边范围线）。 按照永久基本农田划定要求，以县级行政区为单元，详细说明补划永久基本农田规模（含水田面积）、平均质量等别、空间位置等情况。补划城市周边永久基本农田的，以县级行政区为单元，详细说明城市周边补划永久基本农田规模（含水田面积）、平均质量等别、空间位置等情况，并附补划永久基本农田分布示意图（包含城市周边范围线），同时提交补划永久基本农田拐点坐标表（电子版本）。若城市周边确实没有补划空间，需充分说明理由。 若重大建设项目农转用及土地征收报批时与用地预审时选址选线发生调整，需对用地预审时的占用和补划情况、选址选线调整后的占用和补划进行比较说明

5.17 海域使用权设立需要提供哪些资料？

自然资源部审核后报国务院批准且不涉及填海造地项目海域使用权设立需要提供资料见表 5.10。

表 5.10 海域使用权设立申请材料目录

序号	材料名称	原件/复印件	份数	纸质/电子	要求
1	项目用海申请函	原件	5	纸质及电子	—
2	海域使用申请书（含宗海图）	原件	5	纸质及电子	宗海图包括宗海位置图和宗海界址图，应由具备海洋测绘资质的单位出具，统一采用规定的坐标系
3	海域使用论证报告	原件	1	纸质及电子	由用海申请人自主或委托开展编制。
4	建设项目批准（核准或备案）文件	复印件	1	纸质及电子	属于国务院或国务院投资主管部门审批或核准的项目，可在项目取得批准或核准后补充提交
5	资信证明材料	复印件	1	纸质及电子	申请人为个人的，需要提交申请人的身份证复印件；申请人为单位的，需要提交法定代表人身份证复印件和营业执照复印件等，标注与原件一致字样并盖公司章
6	利益相关者处理协议或解决方案	复印件	1	纸质及电子	—

注：表中材料电子文件应采用 Word 格式，涉及盖章签字等的文件应额外提供 PDF 格式扫描件，以光盘为存储介质。

5.18 海域使用权设立审批流程是什么？

海域使用权设立审批流程如下：

（1）接收报件和受理。自然资源部政务大厅接收申请人报送的海域使用权设立申请材料。申请材料齐全，应当接件；申请材料不全的或不符合法定形式的，应向申请人下达补正材料告知书，一次性告知申请人补正全部材料。

自然资源部海域海岛管理司收到申请材料后，应作出是否受理的决定。海域使用权设立申请不属于本部门职权范围，或申请材料不符合相关规定，应作出不予受理的决定，并书面告知申请人。

（2）部内审核。自然资源部海域海岛管理司按照有关规定组织开展审查、征求意见、审核等工作，审核通过的，按规定程序报国务院审批。

（3）办理批复。国务院批准后，由政务大厅向申请人发送审批结果。

海域使用权设立审批流程如图 5.4 所示。

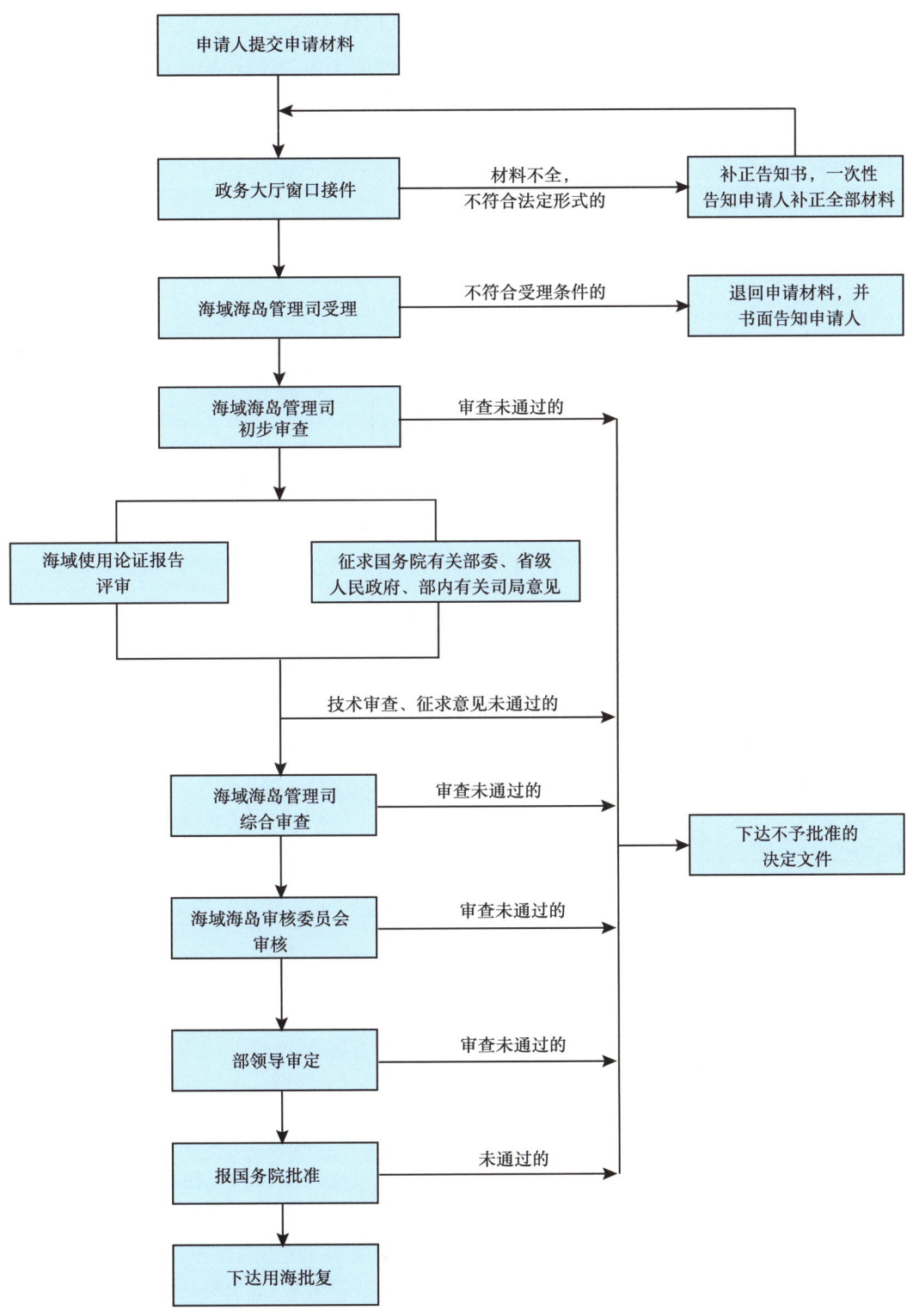

图 5.4　海域使用权设立审批流程

5.19 用地预审与选址意见书合并审批是什么？

2019年9月17日自然资源部印发《自然资源部关于以"多规合一"为基础推进规划用地"多审合一、多证合一"改革的通知》（自然资规〔2019〕2号），将建设项目选址意见书、建设项目用地预审意见合并，自然资源主管部门统一核发建设项目用地预审与选址意见书，不再单独核发建设项目选址意见书、建设项目用地预审意见。建设项目选址和用地预审合并前后流程如图5.5所示。

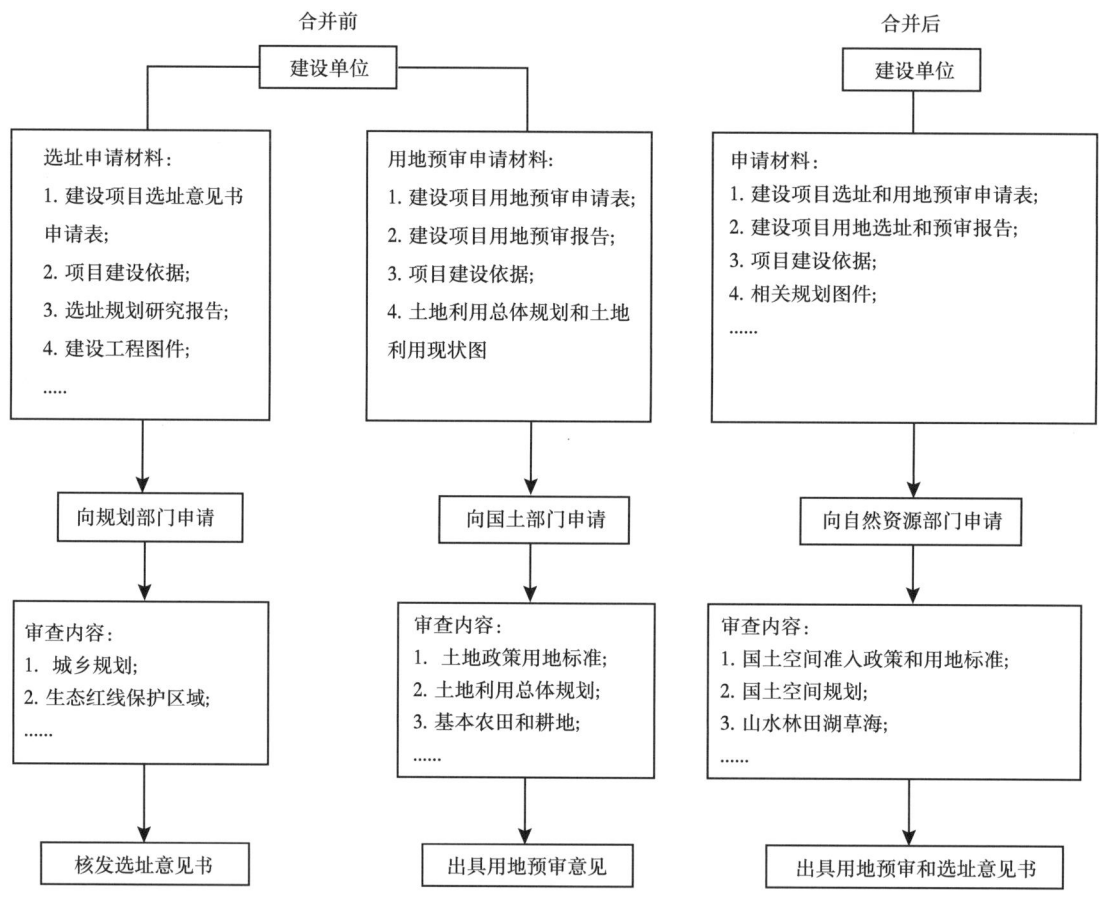

图5.5 建设项目选址和用地预审合并前后对照

涉及新增建设用地，用地预审权限在自然资源部的，建设单位向地方自然资源主管部门提出用地预审与选址申请，由地方自然资源主管部门受理；经省级自然资源主管部门报自然资源部通过用地预审后，地方自然资源主管部门向建设单位核发建设项目用地预审与选址意见书。用地预审权限在省级以下自然资源主管部门的，由省级自然资源主管部门确定建设项目用地预审与选址意见书办理的层级和权限。

规划选址的，由地方自然资源主管部门对规划选址情况进行审查，核发建设项目用地预审与选址意见书。

建设项目用地预审与选址意见书有效期为3年，自批准之日起计算。

5.20 违反用地预审法规有哪些法律责任？

项目建设单位不按照法规办理相关用地手续，违反《中华人民共和国土地管理法》（2019年修正），需要承担以下法律责任：

（1）第七十四条：违反本法规定，拒不履行土地复垦义务的，由县级以上人民政府土地行政主管部门责令限期改正；逾期不改正的，责令缴纳复垦费，专项用于土地复垦，可以处以罚款。

（2）第七十六条：未经批准或者采取欺骗手段骗取批准，非法占用土地的，由县级以上人民政府土地行政主管部门责令退还非法占用的土地；对违反土地利用总体规划擅自将农用地改为建设用地的，限期拆除在非法占用的土地上新建的建筑物和其他设施，恢复土地原状；对符合土地利用总体规划的，没收在非法占用的土地上新建的建筑物和其他设施，可以并处罚款；对非法占用土地单位的直接负责的主管人员和其他直接责任人员，依法给予行政处分；构成犯罪的，依法追究刑事责任。

超过批准的数量占用土地，多占的土地以非法占用土地论处。

（3）第八十三条：依照本法规定，责令限期拆除在非法占用的土地上新建的建筑物和其他设施的，建设单位或者个人必须立即停止施工，自行拆除；对继续施工的，作出处罚决定的机关有权制止。建设单位或者个人对责令限期拆除的行政处罚决定不服的，可以在接到责令限期拆除决定之日起15日内，向人民法院起诉；期满不起诉又不自行拆除的，由作出处罚决定的机关依法申请人民法院强制执行，费用由违法者承担。

5.21 用地预审工作操作的要点与难点是什么？

用地预审工作操作的要点与难点如下：

（1）加强项目可研阶段的用地设计与管理。为增强和发挥项目设计对用地预审的指导作用，根据国家用地预审要求，管道运输企业已印发了《输油管道工程项目可行性研究报告编制规定（试行）》《输气管道工程项目可行性研究报告编制规定（试行）》，各建设单位和设计单位要认真执行可研报告对用地篇章的规定。按照自然资源部门的管理要求，可研报告中代征地、预留地等与本次工程建设不相关的用地严禁在可研报告中出现，不得列入预审用地范畴。由于各地国土资源部门实行"电子落图"，项目站场、阀室及伴行路设计应在总平面布置图提供永久用地的坐标位置，并合理控制用地面积。

（2）坚持"以地定案"，确保管道路由合规稳定。由于油气管道项目通常线路较长，涉及地区较多，线路的调整将会导致涉及县（区）和用地规模发生较大变化。一方面，根据自然资源部规定，如线路方案发生重大变化，需重新预审；另一方面，如地方政府对线路方案有异议，地方自然资源部门也会要求重新编制用地预审材料，造成预审工作反复。因此，各建设单位和设计单位需加强与地方政府的沟通，自始至终坚持"以地定案"，坚持以当地土地利用规划和利用现状等外围条件来确定线路方案，保证站场阀室等永久用地地块在县级行政区域内用地位置基本稳定，避免项目用地报批增加难度或反复组卷申报，甚至项目局部地段因客观条件限制无法合规落地，长期处于非法用地状态。

（3）加强与相关自然资源部门的沟通与协调。各级政府对基本农田的保护意识和保护责任进一步加强，项目选址应尽量避免占用基本农田或穿越重点基本农田保护区；在管道贯穿大片城市建成区或重要规划预留区时，地方政府往往会要求建设单位调整线路选址或避让有关地块。建设单位和涉及单位应尽早同各级自然资源部门进行沟通，充分了解项目途经地区土地的权属和规划情况，以减少项目预审作业过程中的修改、返工、停滞、延期等问题出现。

（4）管道站场阀室设计应严格执行国家标准规范。《石油天然气工程项目建设用地指标》和2013年国土部发布的《关于大口径长距离输气管道土地使用标准有关问题的复函》（国土资函〔2013〕378号）是石油工程建设用地强制性规范，是国家评估和审批石油天然气工程项目可研、确定项目建设用地规模的依据，是编制初步设计文件、核定和审批工程项目建设用地面积的尺度。各建设单位、设计单位要严格执行《石油天然气工程项目建设用地指标》，做好节约、合规用地设计。设计单位对超出指标规定的用地，要通过优化工艺方案和总图布局等进行核减，确保合规用地。对确因工艺技术、安全规范变化和特殊地貌等增加用地的问题，设计单位要进行详细解释说明。

（5）强化对用地预审技术支持方的委托管理。对于项目用地预审专业性强的工作内容，建设单位可根据工作需要、以往业绩等因素择优委托业务熟、技术强、负责任的技术支持方办理。对工期紧张、核准任务急迫的项目，要向技术支持方明确获取各级自然资源部门审批意见的期限，加强对技术支持方的工作进度、质量和成果验收把关管理，确保项目用地预审的质量合格、进度受控，为项目尽快核准提供有力支撑。

6 社会稳定风险分析与评估

6.1 什么是社会稳定风险分析与评估？

社会稳定风险分析与评估是指与人民群众利益密切相关的重大决策、重要政策、重大改革措施、重大工程建设项目、与社会公共秩序相关的重大活动等重大事项在制定出台、组织实施或审批审核前，对可能影响社会稳定的因素开展系统的调查，科学预测、分析和评估，制订风险应对策略和预案。目的为有效规避、预防、控制重大事项实施过程中可能产生的社会稳定风险，确保重大事项顺利实施。

2012年8月16日，国家发展和改革委员会印发《重大固定资产投资项目社会稳定风险评估暂行办法》（发改投资〔2012〕2492号），建立和规范重大固定资产投资项目社会稳定风险评估机制，要求重大项目在开展前期工作时，应对社会稳定风险进行分析，征求群众意见，查找并列出风险点、风险发生的可能性及影响程度，提出防范和化解风险方案措施，提出采取相关措施后的社会稳定风险等级建议。

6.2 社会稳定风险分析与评估一般的工作步骤是什么？

社会稳定风险评估是重大项目报国家发展和改革委员会核准前必须完成的工作，也是国家发展和改革委员会审批、核准项目的重要依据。整体工作分为3部分：

（1）建设单位（或委托咨询机构）编制社会稳定风险分析报告；

（2）社会稳定风险评估部门或评估机构组织对风险分析报告进行评估，出具评估报告；

（3）项目所在地社会稳定风险评估主管部门根据评估报告，出具项目社会稳定风险评估意见。

图6.1显示了社会稳定风险分析与评估一般的工作步骤。

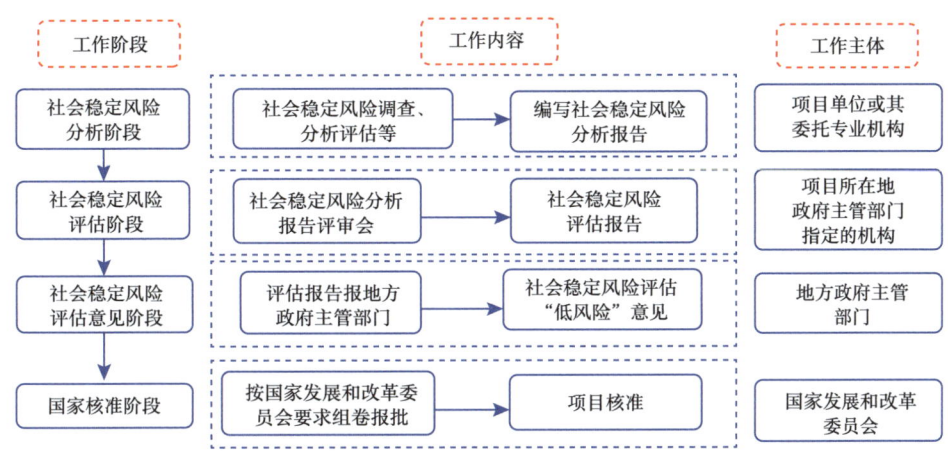

图6.1 社会稳定风险分析与评估一般的工作步骤

6.3 社会稳定风险分析的工作流程是什么？

根据国家发展和改革委员会《重大固定资产投资项目社会稳定风险评估暂行办法》（发改投资〔2012〕2492号），国家核准的管道项目需要进行社会稳定风险分析与评估。首先由建设单位（或者委托有资质的专业机构）组织进行社会稳定风险调查分析，征询相关群众意见，查找并列出风险点，分析风险发生的可能性及影响程度，提出防范和化解风险的方案措施，提出采取相关措施后的社会稳定风险等级建议，完成社会稳定风险分析报告。

社会稳定风险分析的工作流程如图6.2所示。

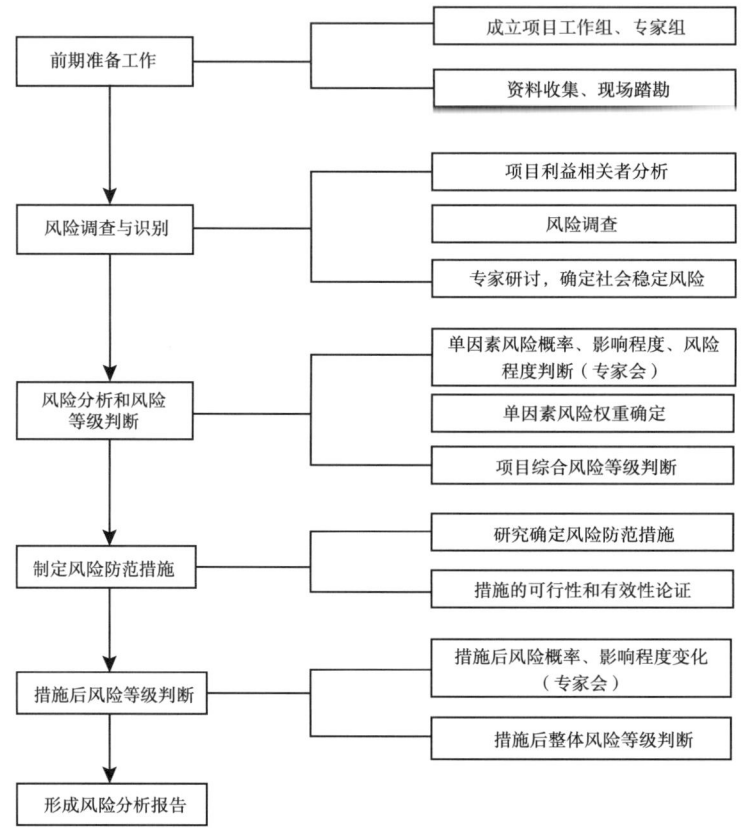

图 6.2 社会稳定风险分析工作流程

6.4 社会稳定风险评估的工作流程是什么？

由项目所在地人民政府或其有关部门指定的评估主体组织对建设单位做出的社会稳定风险分析报告开展评估论证，根据实际情况可以采取公示、问卷调查、实地走访和召开座谈会、听证会等多种方式听取各方面意见，分析判断并确定风险等级，出具项目社会稳定风险评估报告或者社会稳定风险评审意见，作为上报国家发展和改革委员会进行项目核准或审批的依据文件。

社会稳定风险评估的工作流程包括制订评估工作方案、收集和审阅相关资料、充分听取意见、全面评估论证、确定风险等级、编制评估报告，具体如图6.3所示。

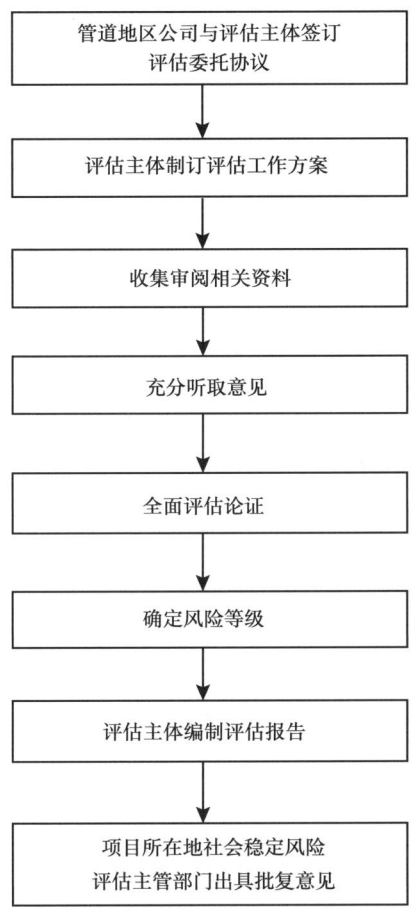

图 6.3　社会稳定风险评估工作流程

6.5　社会稳定风险分析的开始时间和条件是什么？

建设单位在组织开展前期工作时，应完成社会稳定风险分析报告。

在开展社会稳定风险分析工作前，应有确定的规划选线以及用地范围（确认取得项目所在地主管部门出具的规划选址意见和用地初审意见），以确保风险调查工作中调查范围的准确性。

环境影响评价、安全评价、地震安全性评价、压覆矿产资源评估、地质灾害危险性评估、水土保持评价等前期专项评价文件，应为社会稳定风险分析提供参考依据。

6.6　项目建设单位社会稳定风险分析的主要工作是什么？

项目建设单位社会稳定风险分析的主要工作如下：

（1）项目单位委托具备相应资质的专业机构开展项目社会稳定风险分析工作。

（2）项目建设单位负责组织开展项目社会稳定风险分析工作，负责社会稳定风险分析的报评工作，监督各责任部门落实社会稳定风险评估报告及其评估意见中提出的措施和建议。

（3）项目单位委托的专业机构完成社会稳定风险分析报告后，由项目单位向项目所在地社会稳定风险评估主管部门报送"恳请对项目社会稳定风险分析报告进行评估"的行文，将社会稳定风险分析报告报送项目所在地政府主管部门。

（4）参加评估会议并做好审批相关配合工作。

6.7 社会稳定风险分析报审的条件是什么？

地方政府主管部门（或其指定机构）受理社会稳定风险分析报审，召开评审会议前，通常要求具备以下基本条件：

（1）应取得省级规划选址意见和省级用地初审意见。

省级规划选址意见和省级用地初审意见是国家核准的油气管道项目社会稳定风险分析报审最基本的前置条件，不具备这两项前提条件，评估机构不受理社会稳定风险评估工作，不召开评审会。

（2）环评批复（或评审会意见）。

环境影响是项目社会稳定风险评估中较为关注的风险之一，通常也被作为开展风险评估工作的前置条件。不同地区对环评批复的要求不同，实际操作中，如未取得环评批复意见，有的地区通过在评审会中增加环境方面的专家来解决；有的地区则要求提供环评审查意见后受理。

（3）应取得穿越生态红线区、敏感点的批复意见（如涉及）。

如项目路由涉及穿越水源地、自然保护区、文化保护区等生态红线区、敏感点，须由具备相应权限的部门出具批复意见的，须取得相应的批复意见后方可召开社会稳定风险评估评审会。

6.8 社会稳定风险评估需要注意哪些事项？

社会稳定风险评估需要注意的事项涉及管理原则、主管部门、评估方式和评估结果4个方面，具体见表6.1。

表6.1 社会稳定风险评估需要注意的事项

序号	事项名称	事项内容
1	管理原则	社会稳定风险评估采取属地管理原则
2	主管部门	项目所在地人民政府或其有关部门是社会稳定风险评估的主管部门。各地要求有所不同，有些省份要求在省级发展和改革委员会或相关部门，有些省份要求在市级发展和改革委员会或相关部门
3	评估方式	通常由地方政府主管部门指定评估机构，对建设单位做出的社会稳定风险分析报告开展评估论证。根据实际情况可以采取公示、问卷调查、实地走访和召开座谈会、听证会等多种方式听取各方面意见。评估机构需召开评审会议，对风险分析报告进行评审，并提出评审意见，必要时，评估机构还应对项目进行实地走访、对分析阶段的调研工作进行复核。在完成必要的评估工作后，评估机构出具社会稳定风险评估报告
4	评估结果	评估机构应提出项目存在的主要风险因素，对项目的合法性、合理性、可行性、可控性进行分析，提出评估结论，并判断项目的风险等级，提出项目的风险防范化解措施，形成社会稳定风险评估报告

6.9 社会稳定风险等级的判断标准是什么？

评估主体作出的社会稳定风险评估报告是国家发展和改革委员会核准管道项目的重要依据。评估报告认为项目存在高风险或者中风险的，国家发展和改革委员会不予核准；存在低风险且有可靠防控措施的，国家发展和改革委员会可以核准，并在批复文件中对有关方面提出切实落实防范、化解风险措施的要求。风险等级评判的参考标准见表6.2。

表 6.2 社会稳定风险等级判断标准表

项目	高风险	中风险	低风险
单风险因素程度	2个及以上重大或5个及以上较大单风险因素	1个重大或2~4个较大单风险因素	1个较大或1~4个一般单风险因素
整体风险指数	>0.64	0.36~0.64	<0.36
调查结果	采用面向特定对象征求意见的方式，征求意见结果中，明确反对者超过33%	采用面向特定对象征求意见的方式，征求意见结果中，明确反对者占10%~33%	采用面向特定对象征求意见的方式，征求意见结果中，明确反对者低于10%
可能引发的风险事件	大规模群体事件，如围堵施工现场、堵塞交通、冲击党政机关、集体械斗、聚众闹事、人员伤亡等	一般性群体事件，如集体上访、静坐请愿、非法集会、示威等	个体矛盾冲突，如个体信访、网络发布、散发宣传品、挂横幅等
风险事件参与人数	单次事件200人以上	单次事件20~200人	单次事件20人以下

6.10 社会稳定风险分析与评估的成果有哪些？

对需要国家发展和改革委员会进行核准的管道项目，完成社会稳定风险分析报告，报送项目所在地政府或其有关部门进行评估，获得社会稳定风险评估报告及确认意见。社会稳定风险评估报告及确认意见在项目核准时需作为附件一并报送国家发展和改革委员会。

社会稳定风险分析与评估的主要成果形式如下：

（1）由管道地区公司委托的专业机构出具的项目社会稳定风险分析报告（需分省编制）；

（2）由地方政府主管部门指定的评估机构出具的项目社会稳定风险评估报告；

（3）由地方政府主管部门出具的"项目社会稳定风险确认/审查意见"。

6.11 社会稳定风险分析与评估的操作难点是什么？

社会稳定风险分析与评估的操作难点如下：

（1）由于社会稳定风险评估工作正在起步阶段，各省对评估主管部门、评估程序、前置条件等规定不明确，实际工作中操作难度较大，需及时与相关部门进行沟通交流，明确工作流程和相关要求。

（2）为了规避责任，省级部门往往要求县市逐级逐地提供相关评估意见，工作环节较多，周期较长，难度较大，需要协调相关部门简化程序。

7 项目申请报告

7.1 什么是项目申请报告？

项目申请报告是企业投资建设应报政府核准的项目时，为获得项目核准机关对拟建项目的行政许可，按核准要求报送的项目论证报告。

根据国家发展和改革委员会规定，项目申请报告是针对企业固定资产投资核准制而规定的一个文体，凡是申请核准的固定资产投资项目必须编写项目申请报告。

7.2 项目申请报告有什么意义？

项目申请报告基于国家宏观政策规划、国家和地方中长期规划、产业政策，分析项目设立的政策背景，根据主要工艺和装置的技术资料拟定项目技术方案、根据项目涉及资源情况拟定资源利用方案，根据项目所在地环境现状及国家、地方环保法规拟定环保方案，根据国家和地方社会、经济发展现状作出社会、经济影响评价意见，并作出报告意见。项目申请报告的核心价值如下：

（1）作为项目主审机构批复项目执行的依据；
（2）作为项目后期开展编制其他论证文件的依据；
（3）作为企业执行项目后期工作的依据。

7.3 项目申请报告的依据是什么？

项目申请报告的依据如下：

（1）《企业投资项目核准和备案管理办法》（国家发展和改革委员会令 2017 年第 2 号，自 2017 年 4 月 8 日起施行）；
（2）《政府核准的投资项目目录（2016 年本）》（国发〔2016〕72 号，自 2016 年 12 月 12 日起施行）；
（3）《外商投资项目核准和备案管理办法》（国家发展和改革委员会令 2014 年第 12 号，自 2014 年 6 月 17 日起施行）；
（4）《项目申请报告通用文本》和《关于〈项目申请报告通用文本〉的说明》（发改投资〔2017〕684 号，自 2017 年 4 月 13 日起施行）。

7.4 项目申请报告和可研报告的主要区别是什么？

项目申请报告和可研报告的区别主要体现论证角度（微观/宏观）、分析内容（内部条件和技术，经济和社会）和服务对象（帮助投资者/政府）3 部分，具体见表 7.1。

表 7.1　项目申请报告和可研报告的区别

序号	区别事项	可研报告	项目申请报告
1	从微观/宏观角度	从微观角度对项目本身的可行性进行分析论证	从宏观角度对项目的外部性影响进行论证
2	侧重内部条件和技术分析，经济和社会分析	侧重于项目的内部条件和技术分析，包括市场前景是否看好、投资回报是否理想、技术方案是否合理和先进、资金来源是否落实、项目建设和运行的外部配套条件是否有保障等主要内容	侧重于经济和社会分析，主要包括拟建项目的基本情况和该项目的外部影响。如该项目对国家经济安全、地区重大布局、资源开发利用、生态环境保护、防止行业垄断和保护公共利益等方面造成哪些有利或不利的影响
3	帮助投资者/政府	帮助投资者进行正确投资决策、选择科学合理的建设实施方案	政府对项目进行审查以决定是否允许其投资建设的重要依据

7.5　项目申请报告编制单位有什么资质要求？

项目申请报告应由具备相应工程咨询资格的机构编制，其中由国务院投资主管部门核准的项目，其项目申请报告应由具备甲级工程咨询资格的机构编制。

油气管道项目实际工作中，项目申请报告由承担项目可研的单位，按有关规定和要求单独成册编制。

7.6　项目申请报告编制需要的支持内容是什么？

项目申请报告编制包括项目单位及拟建项目情况、资源开发及综合利用分析、生态环境影响分析、经济影响分析和社会影响分析 5 方面要求；报告编制包含核准要件和专项评价两方面需要支持内容（表 7.2）。

表 7.2　项目申请报告编制需要支持内容

序号	内容分类	具体内容
1	核准要件	规划选址意见书；用地预审意见；稳定性风险评价报告及结果；地方政府支持文件；专项评价列表及最新进展
2	专项评价	社会稳定风险分析；环境影响评价；防洪影响评价；水土保持评价；文物保护评价；安全评价；地质灾害危险性评估；节能评价；职业卫生评价；其他相关专项评价

7.7　项目申请报告审查的主要内容是什么？

国家核准项目申请报告的编制，应在可研报告通过评审后开始。按照国家发展和改革委员会有关文件要求，项目申请报告在核准附件办理齐备后上报，但在实际操作中，项目申请报告的上报与核准附件办理同步进行，在完成中咨公司评估、核准附件办理齐备后，国家发展和改革委员会、国家能源局才启动项目核准报批程序。项目申请报告受理前，相关工作成果之间的关系如图 7.1 所示。

项目建设单位应当对项目申请报告进行预审，对项目申请报告的质量负责。项目申请报告上报后，国家发展和改革委员会按规定委托咨询机构组织专家进行评估，根据评估专家意见,项目单位应对申请报告内容进行补充或修改,之后,咨询机构向委托机关提交评估报告,作为核准项目的重要依据。对项目申请报告的审查,重点包括以下内容:

(1)符合国家的法律法规;
(2)符合国民经济和社会发展、行业规划、产业政策、行业准入标准和土地利用总体规划;
(3)符合国家宏观调控政策;
(4)地区布置合理;
(5)主要产品未对国内市场形成垄断;
(6)未影响中国经济安全;
(7)合理开发并有效利用了资源;
(8)生态、环境和自然文化遗产得到了有效的保护;
(9)未对公众利益,特别是项目建设地的公众利益产生重大不利影响。

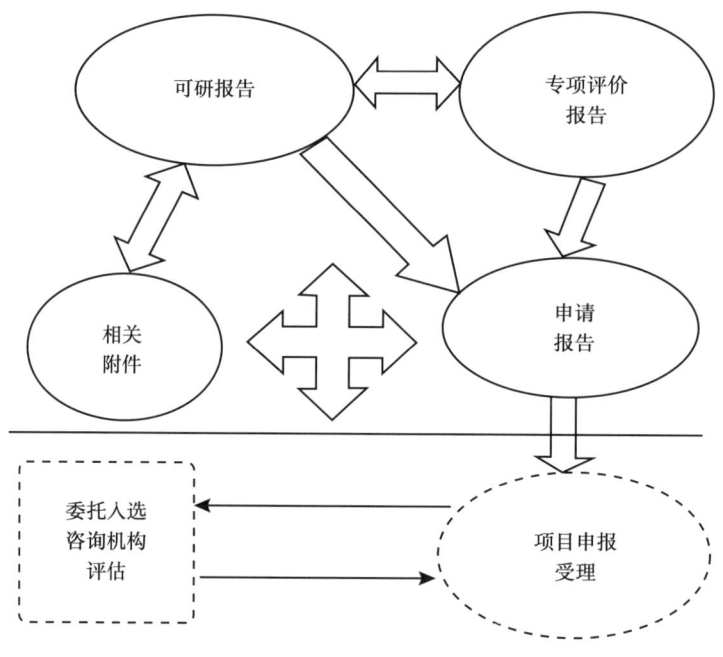

图 7.1 项目申请报告受理前相关工作成果间的关系

7.8 项目申请报告的操作难点与要点是什么?

项目申请报告的操作难点与要点如下:
(1)重视申请报告编制。
申请报告是项目获得政府核准的基本依据,申请报告的编制水平对项目是否顺利核准起到重要作用,必须协助政府:
①了解项目建设背景和必要性、技术指标、经济性;
②掌握项目对环境的影响,化解项目对环境的不利影响;
③掌握群众和社会团体对项目的意见,化解项目对社会稳定可能产生的不利影响。

(2)注意申请报告编制参数和口径一致。

申请报告是项目可研、规划选址、用气预审、稳定性风险评价以及环境影响评价、安全预评价、防洪评价等多项成果的提炼和总结,编制过程中必须注意:

①相关项目核心参数务必保持一致;

②一般只列出核准范围内的工程;

③重点突出项目对环境、社会、经济等的有利影响;

④务实反映项目产生的不利影响,同时需提出防范和化解措施。

(3)强化与业主、可研编制团队、专项评价团队的沟通。

必须注意:

①项目申请报告一般在可研编制完成后开始编制,项目核准前置条件办理、相关转型评价也在同步开展,可研报告可能也会有修改完善;

②申请报告编制过程中及时与业主、可研编制团队、专项评价团队沟通,确保使用的项目参数、相关描述口径与可研报告及专项评价报告一致;

③项目申请报告向政府提交前,应再次核对最新的可研报告及专项评价报告,并经评审会业主认可。

(4)主动与申请核准的政府及评价机构沟通。

需要注意:

①项目申请报告提交给申请核准的政府机构后,政府一般会交给专门的评估机构进行评价,组织专家评审会;

②申请报告编制团队要积极准备迎接评价机构组织的评审会,并解答专家提出的问题;

③评价机构根据评审结果向政府部门提交评价报告,过程中应积极了解评价结果,解答相关问题。

8 重要专项评价

8.1 环境影响评价（含海洋）的基本内容和流程是什么？

环境影响评价是指对拟议中的建设项目在兴建前即可研阶段，对其选址、设计、施工等过程，特别是运营和生产阶段可能带来的环境影响进行预测和分析，提出相应的防治措施，为项目选址、设计及建成投产后的环境管理提供科学依据。

《中华人民共和国环境影响评价法》（2018修正）第二条明确规定：环境影响评价是指对规划和建设项目实施后可能造成的环境影响进行分析、预测和评估，提出预防或者减轻不良环境影响的对策和措施，进行跟踪监测的方法与制度。

法律规定环境影响评价为指导人们开发活动的必须行为，成为环境影响评价制度，是贯彻"预防为主"环境保护方针的重要手段。

环境影响评价实行分类管理。国家根据建设项目对环境的影响程度，对建设项目的环境影响评价实行分类管理。建设单位应当按照下列规定组织编制环境影响报告书、环境影响报告表或者填报环境影响登记表：

（1）可能造成重大环境影响的，应当编制环境影响报告书，对产生的环境影响进行全面评价；

（2）可能造成轻度环境影响的，应当编制环境影响报告表，对产生的环境影响进行分析或者专项评价；

（3）对环境影响很小、不需要进行环境影响评价的，应当填报环境影响登记表。建设项目的环境影响评价分类管理名录，由国务院生态环境主管部门制定并公布。

项目建设单位报送报告书应征求相关方意见。除国家规定需要保密的情形外，对环境可能造成重大影响、应当编制环境影响报告书的建设项目，建设单位应当在报批建设项目环境影响报告书前，举行论证会、听证会，或者采取其他形式，征求有关单位、专家和公众的意见。建设单位报批的环境影响报告书应当附具对有关单位、专家和公众的意见采纳或者不采纳的说明。建设项目的环境影响报告书应当包括以下内容：

（1）建设项目概况；
（2）建设项目周围环境现状；
（3）建设项目对环境可能造成影响的分析、预测和评估；
（4）建设项目环境保护措施及其技术、经济论证；
（5）建设项目对环境影响的经济损益分析；
（6）对建设项目实施环境监测的建议；
（7）环境影响评价的结论。

违反环境影响评价相关法律责任。《中华人民共和国环境影响评价法》第三十一条规定：

（1）建设单位未依法报批建设项目环境影响报告书、报告表，或者未依照本法第二十四条的规定重新报批或者报请重新审核环境影响报告书、报告表，擅自开工建设的，由县级以上生态环境主管部门责令停止建设，根据违法情节和危害后果，处建设项目总投资额 1% 以上 5% 以下的罚款，并可以责令恢复原状；对建设单位直接负责的主管人员和其他直接责任人员，依法给予行政处分。

（2）建设项目环境影响报告书、报告表未经批准或者未经原审批部门重新审核同意，建设单位擅自开工建设的，依照上款的规定处罚、处分。

（3）建设单位未依法备案建设项目环境影响登记表的，由县级以上生态环境主管部门责令备案，处 5 万元以下的罚款。

（4）海洋工程建设项目的建设单位有本条所列违法行为的，依照《中华人民共和国海洋环境保护法》的规定处罚。

环境影响评价管理工作程序如图 8.1 所示。

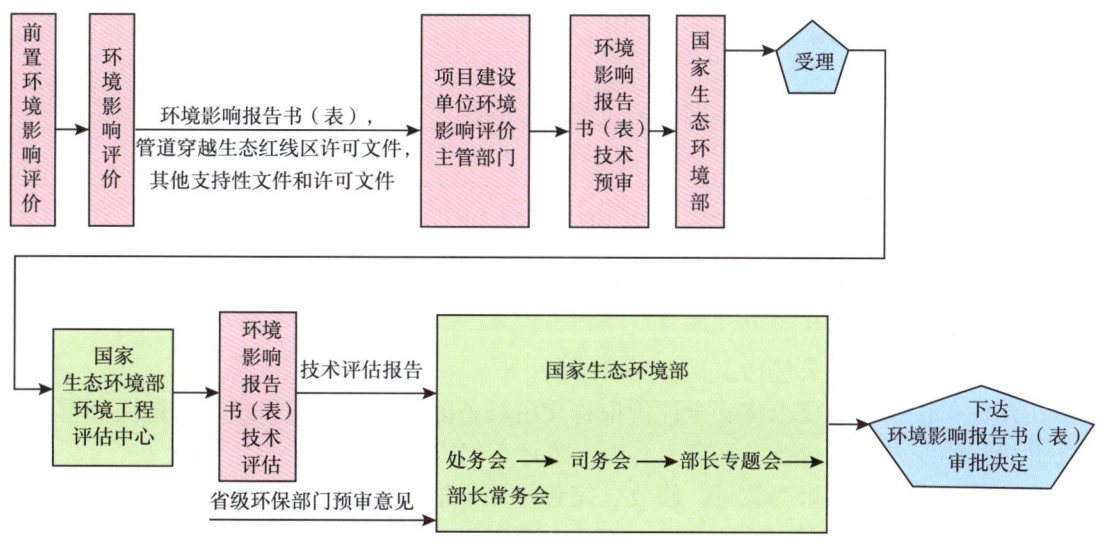

图 8.1　环境影响评价管理工作程序

8.2　安全评价的基本内容和流程是什么？

（1）安全评价概念。

安全评价是在建设项目可研阶段、工业园区规划阶段或生产经营活动组织实施之前，根据相关的基础资料，辨识与分析建设项目、工业园区、生产经营活动潜在的危险、有害因素，确定其与安全生产法律法规、标准、行政规章、规范的符合性，预测发生事故的可能性及其严重程度，提出科学、合理、可行的安全对策措施建议，做出安全评价结论的活动。

安全评价是建设项目合法条件之一。《中华人民共和国安全生产法》（2014 修正）第二十九条规定：矿山、金属冶炼建设项目和用于生产、储存、装卸危险物品的建设项目，应当按照国家有关规定进行安全评价。项目安全评价文件及其审查意见，是项目安全专篇审查、开工建设、竣工验收的重要依据。

（2）安全评价报告内容。

安全评价报告重点内容见表 8.1。

表 8.1 安全评价报告内容

序号	事项分类	具体内容
1	概述	安全评价依据：有关安全预评价的法律、法规及技术标准；建设项目可研报告等建设项目相关文件；安全预评价参考的其他资料。 建设单位简介。 建设项目概况：建设项目选址、总图及平面布置、生产规模、工艺流程、主要设备、主要原材料、中间体、产品、经济技术指标、公用工程及辅助设施等
2	危险、有害因素识别与分析	辨识和分析危险、有害因素和可能发生事故类型，事故发生原因和机制
3	安全评价方法和评价单元	全预评价方法简介； 评价单元确定
4	定性、定量评价	定性、定量评价； 评价结果分析
5	安全对策措施及建议	可研报告中提出的安全对策措施； 补充的安全对策措施及建议
6	安全预评价结论	简要列出主要危险有害因素评价结果，明确安全对策措施，给出符合有关法规的结论

（3）安全评价取得的成果。

安全评价取得的成果包括：

①建设单位按有关要求将安全评价报告交由具备能力的行业组织或具备相应资质条件的中介机构组织专家进行技术评审，并由专家评审组提出评审意见。

②预评价单位根据审查意见，修改、完善预评价报告后，由建设单位按规定报有关安全生产监督管理部门备案。

（4）法律责任。

《中华人民共和国安全生产法》（2014修正）第九十五条规定，未按照规定对矿山、金属冶炼建设项目或者用于生产、储存、装卸危险物品的建设项目进行安全评价的，承担以下责任：

①责令停止建设或者停产停业整顿，限期改正；

②逾期未改正的，处50万元以上100万元以下的罚款，对其直接负责的主管人员和其他直接责任人员处2万元以上5万元以下的罚款；

③构成犯罪的，依照刑法有关规定追究刑事责任。

8.3 压覆矿产资源调查的基本内容和流程是什么？

《中华人民共和国矿产资源法》（2009修正）第三十三条规定：在建设铁路、工厂、水库、输油管道、输电线路和各种大型建筑物或者建筑群之前，建设单位必须向所在省、自治区、直辖市地质矿产主管部门了解拟建工程所在地区的矿产资源分布和开采情况。非经国务院授权的部门批准，不得压覆重要矿床。

因此，建设铁路、公路、工厂、水库、城市水源地、通信线路、输油（气）管道、输电线路、大型建筑物或者建筑群等建设项目以及编制城市发展规划前，都必须要有资质的地质勘查单位对建设项目压覆矿产资源情况进行评估。按照有关规定，压覆矿产资源评估和审批是用地报批的前置条件，在用地报批时，需提交省级国土部门出具的未压覆重要矿产资源的证明或压覆重要矿产资源登记等材料，否则不予受理用地报批申请。

压覆矿产资源调查前期工作的基本要求包括资料分析、编制压覆矿产资源储量评估报告和压覆储量分析。具体通过以下 5 个方面工作体现：

（1）基础资料分析。建设项目选址前，建设单位应先向省级国土资源行政主管部门查询拟建项目所在地区的矿产资源规划、矿产资源分布和矿业权设置情况，不压覆矿产资源的，由省级国土资源行政主管部门出具未压覆重要矿产资源的证明；确需压覆重要矿产资源的，建设单位应根据有关工程建设规范确定项目压覆重要矿产资源的范围，委托具有相应地质勘察资质的单位编制建设项目压覆重要矿产资源评估报告。在建设项目压覆矿产资源审批工作启动之前必须对项目压覆矿产资源进行了解，包括是否压覆有重要矿产资源，是否需要做矿产压覆报告，以及矿产储量大小，对于下一步储量评估报告编制、补偿协议的签订作用巨大。

（2）编制压覆矿产资源储量评估报告。建设项目压覆矿产资源审批工作中的重中之重就是建设项目压覆矿产资源储量评估报告的编制。建设项目压覆重要矿产资源报告的编制目的如下：通过编制报告，查清建设项目周边地区的矿业权设置情况及建设项目压覆矿产资源储量的多少、经济价值及压覆后的得失等情况，以及图件的处理。图件处理的目的有两个，第一是通过野外调查，对于 1∶10000 地质填图和 1∶50000 地质填图，了解地质矿产情况，进行储量计算。第二是出具储量评估报告的相关图件，包括区域地质图、地形地质图、资源储量估算图、综合柱状图及剖面图等，作为上报材料。压覆矿产资源储量报告中涉及的拟建区评估区的位置、范围、面积要准确，提供图件要有对应的经度和纬度坐标，且要与委托书一致。需提交 2000 国家大地坐标系详细坐标。

（3）压覆储量分析。调查建设项目工程区域地质矿产情况，查明受影响的矿产及不受影响的矿产，对建设项目是否能压占矿产资源储量提出建议，同时为国土资源主管部门及建设单位提供决策依据。

（4）矿业权补偿协议。建设项目压覆已设置矿业权矿产资源的，新的土地使用权人还应同时与矿业权人签订协议，协议应包括矿业权人同意放弃被压覆矿区范围及相关补偿内容。这是整个评价工作中最为困难的工作，一直都是评价工作的瓶颈。补偿范围一般应包括矿业权人被压覆资源储量在当前市场条件下所应缴的价款（无偿取得的除外）；所压覆的矿产资源分担的勘查投资、已建的开采设施投入和搬迁相应设施等直接损失。

（5）专家评审会。建设项目压覆矿产资源储量评估报告完成后，需召开建设项目压覆矿产资源储量评估报告专家评审会。此项工作一般由省级国土部门牵头，邀请专家对提前编制好的报告进行评审。评审内容为建设项目压覆矿产资源的技术经济评估论证、评估结论意见、建设单位与压覆区范围内矿业权人签的有关协议（协议包括矿业权人同意放弃被压覆矿区范围及相关补偿内容）等，评审会通过后形成专家评审意见，并根据专家意见进行修改，修改材料连同专家签字表作为成果材料上报。

油气管道项目压覆重要矿产资源审批流程如图 8.2 所示。

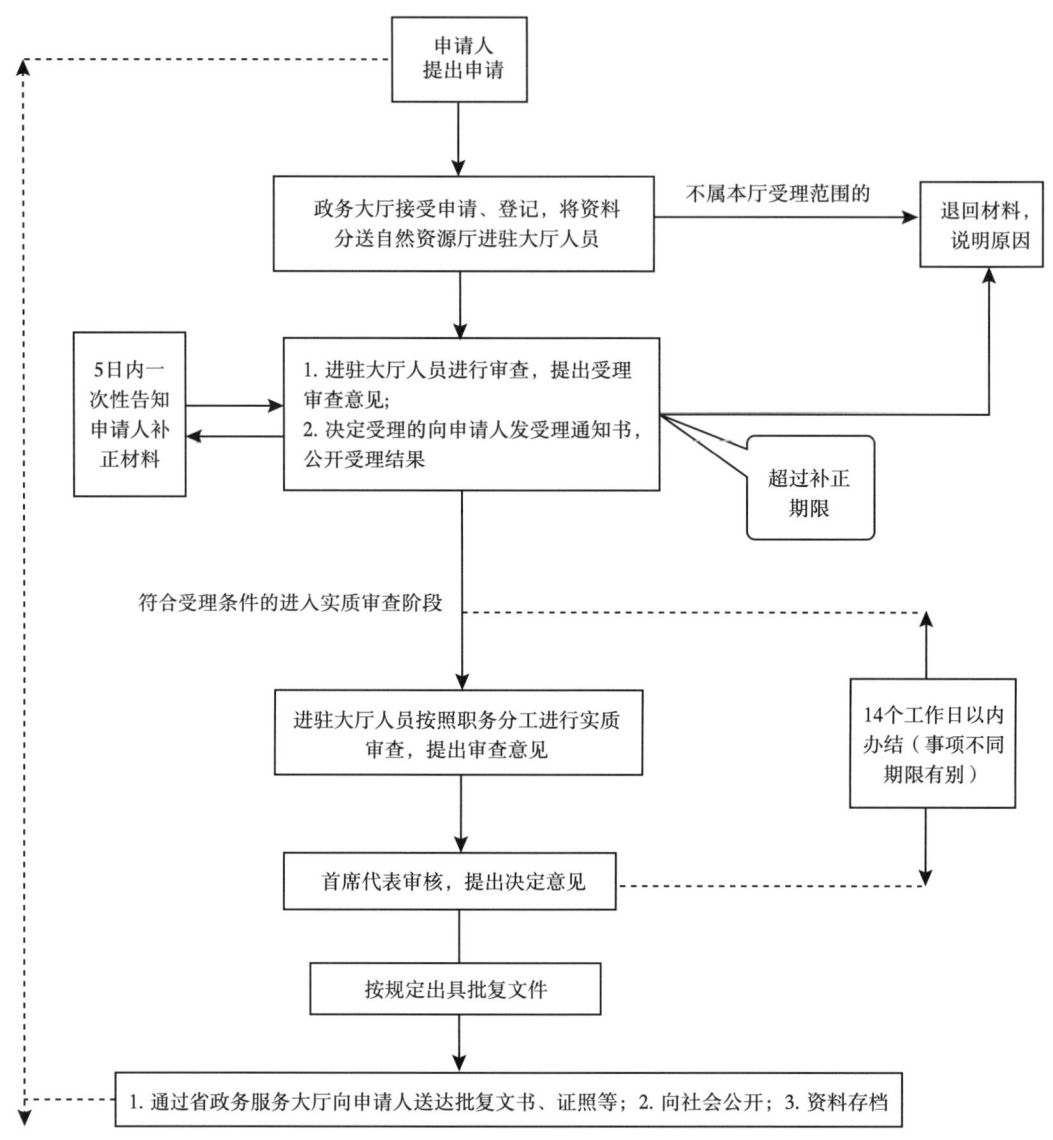

图 8.2 油气管道项目压覆重要矿产资源审批流程

8.4 文物调查的基本内容和流程是什么？

《中华人民共和国文物保护法》（2017 修正）第二十九条规定：进行大型基本建设工程，建设单位应当事先报请省、自治区、直辖市人民政府文物行政部门组织从事考古发掘的单位在工程范围内有可能埋藏文物的地方进行考古调查、勘探。

考古调查、勘探中发现文物的，由省、自治区、直辖市人民政府文物行政部门根据文物保护的要求会同建设单位共同商定保护措施；遇有重要发现的，由省、自治区、直辖市人民政府文物行政部门及时报国务院文物行政部门处理。

前期工作基本要求。开展文物调查工作时，需向评价单位提供：

（1）项目线路走向图（建议比例尺为 1∶10000、纸质及电子版）；

(2)线路中线成果表(纸质及电子版);
(3)项目可研报告(纸质及电子版);
(4)文物行政部门要求的其他文件资料。

文物调查的流程包括受理、审核、审批和办结环节(以河北省为例),具体如图8.3所示。

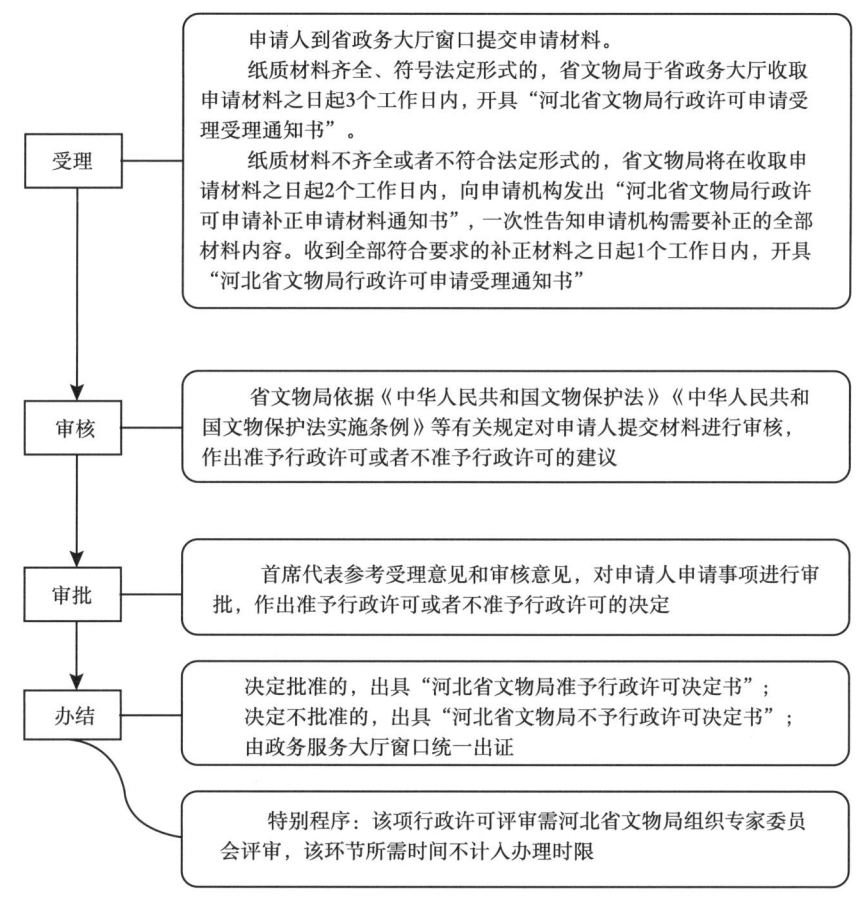

图8.3 文物调查流程(以河北省为例)

8.5 地质灾害危险性评价的基本内容和流程是什么?

地质灾害危险性评价又称地质灾害灾变评价,是在查清地质灾害活动历史、形成条件、变化规律与发展趋势的基础上,进行危险性科学评价,主要包括自然灾害与防治评价。该评价主要是对地质灾害活动程度和危害能力进行分析评判。

中国实行地质灾害易发区工程建设地质灾害危险性评估制度,国务院《地质灾害防治条例》(中华人民共和国国务院令2003年第394号)第二十一条规定:在地质灾害易发区内进行工程建设应当在可研阶段进行地质灾害危险性评估,并将评估结果作为可研报告的组成部分;可研报告未包含地质灾害危险性评估结果的,不得批准其可研报告。

评估单位受项目建设单位委托开展相关评估审查工作:

（1）自行组织具有资格的地质灾害防治专家对拟提交的地质灾害危险性评估报告进行技术审查，并由专家组提出书面审查意见。

（2）审查专家应具有水文、工程、环境地质专业高级技术职称；从事相关工作10年以上，同时主持过中型以上地质灾害勘查报告的编制工作或参与过大型地质灾害勘查报告的审查。

（3）一级评估报告一般聘请5~7名专家，二级评估报告一般聘请3~5名专家，三级评估报告一般聘请两三名专家。

评估成果备案。地质灾害危险性评估报告通过专家组审查后，评估单位应在一个月内到国土资源行政主管部门备案。地质灾害危险性评估报告报备情况具体见表8.2。

表8.2 地质灾害危险性评估报告报备情况

序号	事项名称	具体内容
1	备案报送材料清单	《……地质灾害危险性评估报告》； 《……地质灾害危险性评估报告专家组审查意见》； 《……地质灾害危险性评估报告备案登记表》文字报告（报表）
2	一级评估报告	报省（自治区、直辖市）自然资源厅（局）备案；省（自治区、直辖市）自然资源厅（局）应在收到备案材料后5个工作日内将备案登记表一式一份转报自然资源部备查
3	二级评估报告	报市（地）级自然资源行政主管部门备案，备案登记表抄报省（自治区、直辖市）自然资源厅（局）备查
4	三级评估报告	报县级自然资源行政主管部门备案，备案登记表抄报省（自治区、直辖市）、市（地）级自然资源行政主管部门备查

按照国务院办公厅《关于开展工程建设项目审批制度改革试点的通知》（国办发〔2018〕33号）精神，落实取消下放行政审批事项有关要求，推行由政府统一组织对地质灾害危险性评估等事项实行区域评估。

8.6 地震安全性评价的基本内容和流程是什么？

地震安全性评价是指在对具体建设工程场址及其周围地区的地震地质条件、地球物理场环境、地震活动规律、现代地形变及应力场等方面深入研究的基础上，采用先进的地震危险性概率分析方法，按照工程所需要采用的风险水平，科学地给出相应的工程规划或设计所需要的一定概率水准下的地震动参数（加速度、设计反应谱、地震动时程等）和相应的资料。

按照《地震安全性评价管理条例》（2019年修正本）第八条规定，下列建设工程必须进行地震安全性评价：

（1）国家重大建设工程；

（2）受地震破坏后可能引发水灾、火灾、爆炸、剧毒或强腐蚀性物质大量泄漏或者其他严重次生灾害的建设工程，包括水库大坝、堤防和贮油、贮气，贮存易燃易爆、剧毒或者强腐蚀性物质的设施及其他可能发生严重次生灾害的建设工程；

（3）受地震破坏后可能引发放射性污染的核电站和核设施建设工程；

（4）省、自治区、直辖市认为对本辖区有重大价值或者有重大影响的其他建设工程。

地震安全性评价报告。主要包括工程概况和地震安全性评价的技术要求、地震活动环境评价、地震地质构造评价、设防烈度或者设计地震动参数、地震地质灾害评价，以及其他有关技术资料等内容。

地震安全性评价报告按照职权分级进行审定，具体见表8.3。

表8.3 地震安全性评价报告分级审定情况

序号	审定部门	审定项目	审定事项	审定时限
1	国务院地震工作主管部门	国家重大建设工程；跨省、自治区、直辖市行政区域的建设工程；核电站和核设施建设工程	收到报告进行审定，确定抗震设防要求；书面通知建设单位，并告知所在地市、县主管部门或机构	15日
2	省主管部门或者机构	负责除上款规定以外的建设工程报告的审定	收到报告进行审定，确定抗震设防要求；书面通知建设单位，并报送国务院地震主管部门备案	15日

按照国务院办公厅《关于开展工程建设项目审批制度改革试点的通知》（国办发〔2018〕33号）精神，落实取消下放行政审批事项有关要求，地震安全性评价等评价事项不作为项目审批或核准条件，推行由政府统一组织对地震安全性评价等事项实行区域评估。

8.7 水土保持评价的基本内容和流程是什么？

《中华人民共和国水土保持法》（2010修正）第二十五条规定：在山区、丘陵区、风沙区以及水土保持规划确定的容易发生水土流失的其他区域开办可能造成水土流失的生产建设项目，生产建设单位应当编制水土保持方案，报县级以上人民政府水行政主管部门审批，并按照经批准的水土保持方案，采取水土流失预防和治理措施。没有能力编制水土保持方案的，应当委托具备相应技术条件的机构编制。第二十六条规定：依法应当编制水土保持方案的生产建设项目，生产建设单位未编制水土保持方案或者水土保持方案未经水行政主管部门批准的，生产建设项目不得开工建设。

水土保持评价申请材料目录具体见表8.4。

表8.4 水土保持评价申请材料目录

序号	提交材料名称	原件/复印件	份数	纸质/电子	要求
1	生产建设项目水土保持方案审批申请	原件	1	纸质并附PDF电子文件	加盖生产建设单位公章
2	生产建设项目水土保持方案	原件	1	纸质1份并附PDF电子文件	加盖生产建设单位公章及编写人员签字

水土保持评价办理基本流程。水行政主管部门审批水土保持方案实行分级审批制度，县级以上地方人民政府水行政主管部门审批的水土保持方案，应报上一级人民政府水行政主管部门备案。具体如下：

（1）中央立项，且征占地面积在50公顷以上或者挖填土石方总量在50万立方米以上的开发建设项目或者限额以上技术改造项目,水土保持方案报告书由国务院水行政主管部门审批。中央立项,征占地面积不足 50 公顷且挖填土石方总量不足 50 万立方米的开发建设项目,水土保持方案报告书由省级水行政主管部门审批。

(2)地方立项的开发建设项目和限额以下技术改造项目,水土保持方案报告书由相应级别的水行政主管部门审批。

(3)水土保持方案报告表由开发建设项目所在地县级水行政主管部门审批。

(4)跨地区的项目水土保持方案,报上一级水行政主管部门审批。

中央立项报部项目的水土保持评价办理基本流程如图 8.4 所示。

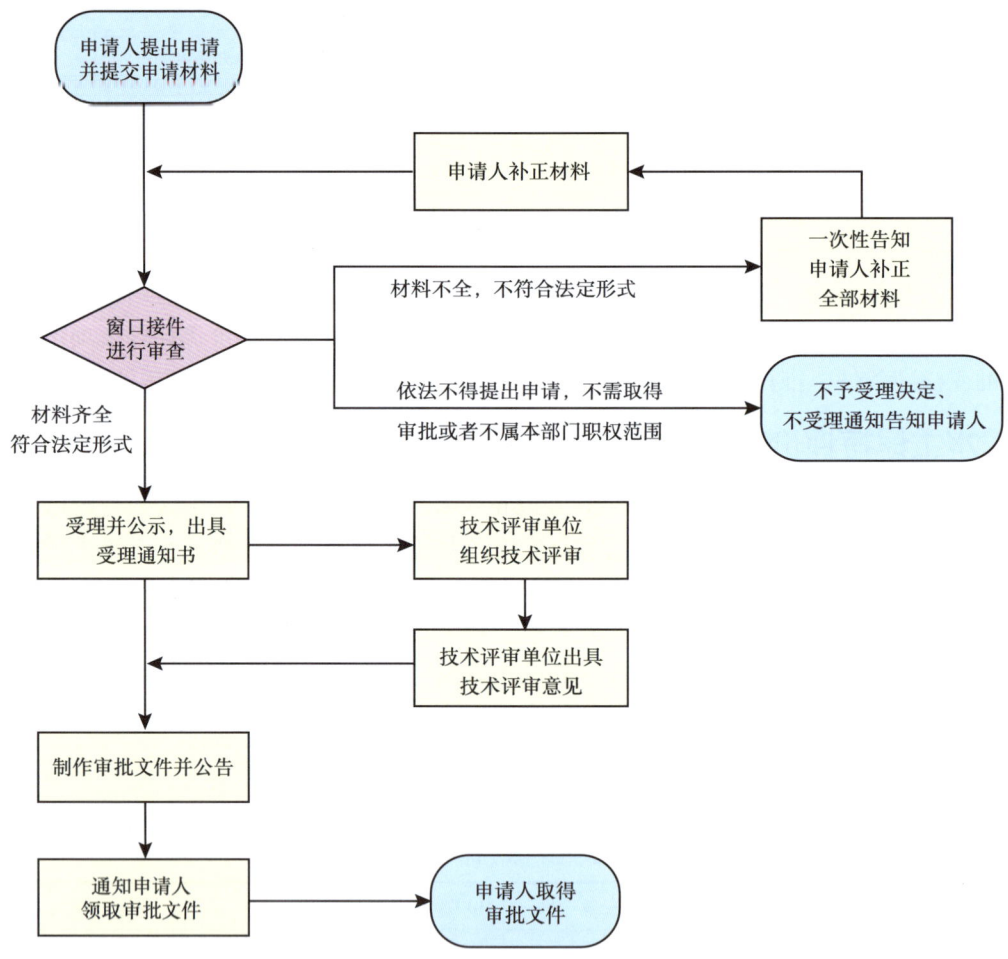

图 8.4 水土保持评价办理基本流程

8.8 防洪评价的基本内容和流程是什么?

《中华人民共和国防洪法》(2016 修正)第三十三条规定:在洪泛区、蓄滞洪区内建设非防洪建设项目,应当就洪水对建设项目可能产生的影响和建设项目对防洪可能产生的影响作出评价,编制洪水影响评价报告,提出防御措施。洪水影响评价报告未经有关水行政主管部门审查批准的,建设单位不得开工建设。

在蓄滞洪区内建设的油田、铁路、公路、矿山、电厂、电信设施和管道，其洪水影响评价报告应当包括建设单位自行安排的防洪避洪方案。建设项目投入生产或者使用时，其防洪工程设施应当经水行政主管部门验收。

建设项目防洪禁止性要求具体包括 8 个方面：

（1）不符合长江、黄河、淮河、海河、珠江、松花江、辽河流域综合规划、防洪规划及相关区域防洪规划、蓄滞洪区建设与管理规划、山洪灾害防治规划、河流治理规划等规划要求。

（2）不符合洪水调度安排，不满足防御洪水方案、洪水调度方案和相关防洪应急预案等要求。

（3）不符合建设项目防洪安全等级等与防洪有关的技术标准等要求。

（4）对河流岸线、河势稳定、水流形态、冲刷淤积、行洪排涝等存在不利影响，且采取措施后仍然不能达到防洪要求。

（5）对防洪排涝灌溉工程体系的整体布局、防洪工程的安全、蓄滞洪区的运用以及防汛抢险等存在不利影响，且采取措施后仍然不能达到防洪要求。

（6）建设项目对洪水的淹没、冲刷等影响以及长期维修养护的措施不能够满足自身防洪安全要求。

（7）洪水影响评价技术路线、评价方法不正确，消除或者减轻洪水影响的措施不可行。

（8）不能满足当地具体条件的防洪减灾其他规定和要求。

防洪评价申请材料目录具体见表 8.5。

表 8.5　防洪评价申请材料目录

序号	提交材料名称	原件/复印件	纸质文件份数	电子文件	备注
1	非防洪建设项目洪水影响评价报告审查申请书	原件	2 份	提供	
2	与利益第三方达成的协议或相关说明	原件	1 份	提供	
3	项目建设所依据的文件	复印件	1 份	提供	如可研报告、初设报告、项目申请报告或备案材料等
4	洪水影响评价报告	原件	2 份	提供	

说明：洪水影响评价报告按照 SL 520—2014《洪水影响评价报告编制导则》进行编制。

对准予许可的项目，水利部有关流域管理机构将向社会公开洪水影响评价报告，如申请人认为报告含有商业秘密或个人隐私等不宜公开内容的，申请人应当提供洪水影响评价报告（简版）。

防洪评价的基本办理流程分为申请、受理、审查、许可决定和许可送达 5 个步骤。

（1）申请：申请人递交纸质申请材料，并进行网上申报。

（2）受理：行政许可受理窗口接收申请材料，审批机关应当自收到申请之日起 5 个工作日内对申请作出处理，将受理通知书、不予受理决定书、补正通知书或不受理告知书送达申请人。

（3）审查：由受理的流域管理机构根据国家有关规定对申请材料进行审查，对需要组织开展实地核查、听证等事项的，由该流域管理机构行政许可窗口部门告知申请人。

（4）许可决定：经审查，符合条件的，由该流域管理机构出具准予行政许可决定；不符合条件的，出具不予行政许可决定。

（5）许可送达：由该流域管理机构行政许可窗口部门将许可决定送达申请人。

8.9 节能评估的基本内容和流程是什么？

节能评估是固定资产投资项目节能评估和审查的简称，是指根据节能法规、标准，对各级人民政府发展改革部门管理的在中国境内建设的固定资产投资项目的能源利用是否科学合理进行分析评估，并编制节能评估文件或填写节能登记表。对项目节能评估文件进行审查并形成审查意见，或对节能登记表进行登记备案，并将审查意见或节能登记表作为项目审批、核准或开工建设的前置性条件以及项目设计、施工和竣工验收的重要依据。

节能评估主要包括以下 7 大方面内容：

（1）评估依据；

（2）项目概况；

（3）能源供应情况评估（包括项目所在地能源资源条件以及项目对所在地能源消费的影响评估）；

（4）项目建设方案节能评估（包括项目选址、总平面布置、生产工艺、用能工艺和用能设备等方面的节能评估）；

（5）项目能源消耗和能效水平评估（包括能源消费量、能源消费结构、能源利用效率等方面的分析评估）；

（6）节能措施评估（包括技术措施和管理措施评估）；

（7）存在问题及建议等。

节能评估审批。按照国务院办公厅《关于开展工程建设项目审批制度改革试点的通知》（国办发〔2018〕33 号）精神，落实取消下放行政审批事项有关要求，节能评价等评价事项不作为项目审批或核准条件，推行由政府统一组织对节能评价等事项实行区域评估。

8.10 职业病危害评价的基本内容和条件是什么？

根据《中华人民共和国职业病防治法》（2018 修正）第十七条规定：新建、扩建、改建建设项目和技术改造、技术引进项目（以下简称建设项目）可能产生职业病危害的，建设单位在可行性论证阶段应当进行职业病危害预评价。

职业病危害预评价报告应当对建设项目可能产生的职业病危害因素及其对工作场所和劳动者健康的影响作出评价，确定危害类别和职业病防护措施。

职业病危害评价的基本条件如下：

（1）评价机构依法取得职业卫生技术服务资质证书，在资质证书允许的范围内开展工作，且其资质证书在有效期内。

（2）建设项目职业病危害预评价报告的编制、评价内容和方法符合《中华人民共和国职业病防治法》《建设项目职业病危害评价规范》和《建设项目职业病危害预评价导则》的规定；预评价报告评价依据和引用的法律法规和标准准确。

（3）职业病危害因素的识别全面、评价科学客观，提出的防护措施合理可行。

第 2 部分　项目前期工作制度解读

9　一张图全景式读懂相关项目前期工作制度

随着我国政府职能转变、深化"放管服"改革和优化营商环境深入推进，项目建设制度持续深入改革。中共中央、国务院发布《中共中央　国务院关于建立国土空间规划体系并监督实施的若干意见》，国务院发布了《政府核准的投资项目目录（2016年本）》和《国务院关于授权和委托用地审批权的决定》（国发〔2020〕4号），国家发展和改革委员会等部门建设并运行全国投资项目在线审批监管平台，自然资源部印发《自然资源部关于以"多规合一"为基础推进规划用地"多审合一、多证合一"改革的通知》，多层次、全方位推动项目建设制度改革。

9.1　一张图读懂《政府核准的投资项目目录（2016年本）》

为贯彻落实《中共中央　国务院关于深化投融资体制改革的意见》，进一步加大简政放权、放管结合、优化服务改革力度，使市场在资源配置中起决定性作用，更好发挥政府作用，切实转变政府投资管理职能，加强和改进宏观调控，确立企业投资主体地位，激发市场主体扩大合理有效投资和创新创业的活力，2016年12月12日，国务院发布《政府核准的投资项目目录（2016年本）》。现一张图（图9.1）说明如下。

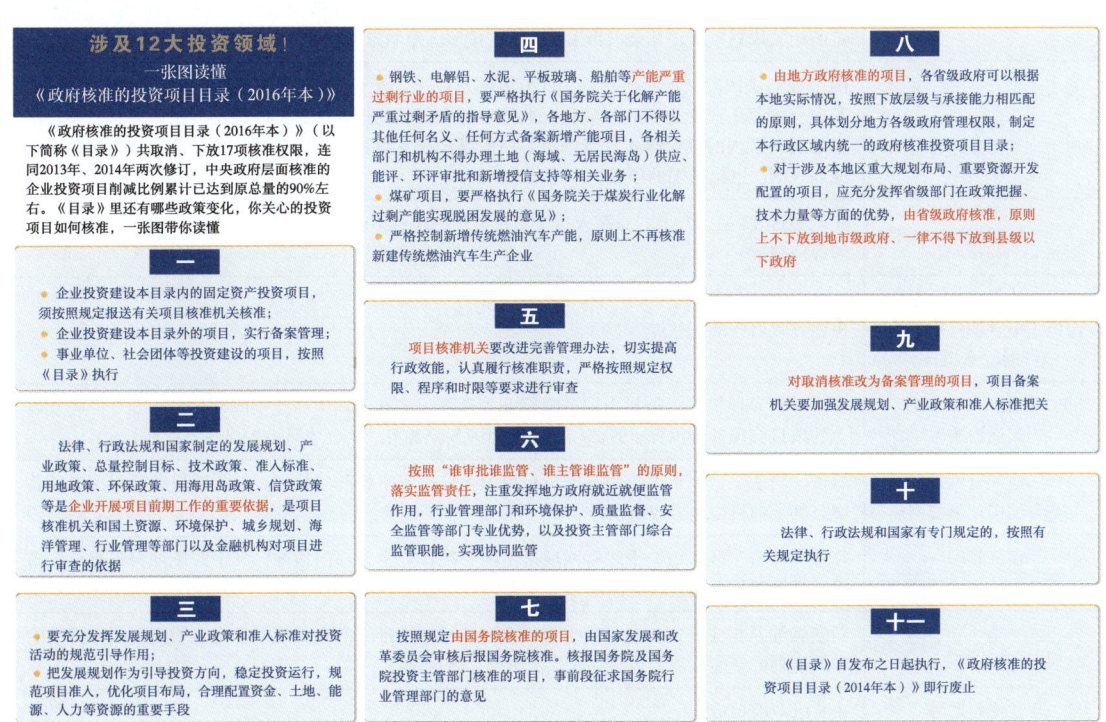

图9.1　一张图读懂《政府核准的投资项目目录（2016年本）》

《政府核准的投资项目目录（2016年本）》	
类别	项目及核准
一、农业水利	
农业	涉及开荒的项目由省级政府核准
水利工程	涉及跨界河流、跨省（区、市）水资源配置调整的重大水利项目由国务院投资主管部门核准，其中库容10亿立方米及以上或者涉及移民1万人及以上的水库项目由国务院核准。其余项目由地方政府核准
二、能源	
水电站	在跨界河流、跨省（区、市）河流上建设的单站总装机容量50万千瓦及以上项目由国务院投资主管部门核准，其中单站总装机容量300万千瓦及以上或者涉及移民1万人及以上的项目由国务院核准。其余项目由地方政府核准
抽水蓄能电站	由省级政府按照国家制定的相关规划核准
火电站（含自备电站）	由省级政府核准，其中燃煤燃气火电项目应在国家依据总量控制制定的建设规划内核准
热电站（含自备电站）	由地方政府核准，其中抽凝式燃煤热电项目由省级政府在国家依据总量控制制定的建设规划内核准
风电站	由地方政府在国家依据总量控制制定的建设规划及年度开发指导规模内核准
核电站	由国务院核准
电网工程	涉及跨境、跨省（区、市）输电的±500千伏及以上直流项目，涉及跨境、跨省（区、市）输电的500千伏、750千伏、1000千伏交流项目，由国务院投资主管部门核准，其中±800千伏及以上直流项目和1000千伏交流项目报国务院备案；不涉及跨境、跨省（区、市）输电的±500千伏及以上直流项目和500千伏、750千伏、1000千伏交流项目由省级政府按照国家制定的相关规划核准，其余项目由地方政府按照国家制定的相关规划核准
煤矿	国家规划矿区内新增年生产能力120万吨及以上煤炭开发项目由国务院行业管理部门核准，其中新增年生产能力500万吨及以上的项目由国务院投资主管部门核准并报国务院备案；国家规划矿区内的其余煤炭开发项目和一般煤炭开发项目由省级政府核准。国家规定禁止建设或列入淘汰退出范围的项目，不得核准
煤制燃料	年产超过20亿立方米的煤制天然气项目、年产超过100万吨的煤制油项目，由国务院投资主管部门核准
液化石油气接收、存储设施（不含油气田、炼油厂的配套项目）	由地方政府核准
进口液化天然气接收、储运设施	新建（含异地扩建）项目由国务院行业管理部门核准，其中新建接收储运能力300万吨及以上的项目有国务院投资主管部门核准并报国务院备案。其余项目由省级政府核准
输油管网（不含油田集输管网）	跨境、跨省（区、市）干线管网项目由国务院投资主管部门核准，其中跨境项目报国务院备案。其余项目由地方政府核准
输气管网（不含油田集输管网）	跨境、跨省（区、市）干线管网项目由国务院投资主管部门核准，其中跨境项目报国务院备案。其余项目由地方政府核准
炼油	新建炼油及扩建一次炼油项目由省级政府按照国家批准的相关规划核准。未列入国家批准的相关规划的新建炼油及扩建一次炼油项目，禁止建设
变性燃料乙醇	由省级政府核准

图9.1　一张图读懂《政府核准的投资项目目录（2016年本）》（续）

《政府核准的投资项目目录（2016年本）》	
类别	项目及核准
三、交通运输	
新建（含增建）铁路	列入国家批准的相关规划中的项目，中国铁路总公司为主出资的由其自行决定并报国务院投资主管部门备案，其他企业投资的由省级政府核准；地方城际铁路项目由省级政府按照国家批准的相关规划核准，并报国务院投资主管部门备案；其余项目由省级政府核准
公路	国家高速公路网和普通国道网项目由省级政府按照国家批准的相关规划核准，地方高速公路项目由省级政府核准，其余项目由地方政府核准
独立公（铁）路桥梁、隧道	跨境项目由国务院投资主管部门核准并报国务院备案。国家批准的相关规划中的项目，中国铁路总公司为主出资的由其自行决定并报国务院投资主管部门备案，其他企业投资的由省政府核准；其余独立铁路桥梁、隧道及跨10万吨级及以上通道海域、跨大江大河（现状或规划为一级及以上通航段）的独立公路桥梁、隧道项目，由省级政府核准，其中跨长江干线航道的项目应符合国家批准的相关规划。其余项目由地方政府核准
煤炭、矿石、油气专用泊位	由省级政府按照国家批准的相关规划核准
集装箱专用码头	由省级政府按国家批准的相关规划核准
内河航运	跨省（市、区）高等级航道的千吨级及以上航电枢纽项目由省级政府按国家批准的相关规划核准，其余项目由地方政府核准
民航	新建运输机场项目由国务院、中央军委核准，新建通用机场项目、扩建军民合用机场（增建跑道除外）项目由省级政府核准
四、信息产业	
电信	国际通信基础设施项目由国务院投资主管部门核准；国内干线传输网（含广播电视网）以及其他信息安全的电信基础设施项目，由国务院行业管理部门核准
五、原材料	
稀土、铁矿、有色矿山开发	由省级政府核准
石化	新建乙烯、对二甲苯（PX）、二苯基甲烷二异氰酸酯（MDI）项目由省级政府按照国家批准的石化产业规划布局方案核准。未列入国家批准的相关规划的新建乙烯、对二甲苯（PX）、二苯基甲烷二异氰酸酯（MDI）项目，禁止建设
煤化工	新建煤制烯烃、新建煤制对二甲苯（PX）项目，由省级政府按照国家批准的相关规划核准。新建年产超过100万吨的煤制甲醇项目，由省级政府核准。其余项目禁止建设
稀土	稀土冶炼分离项目、稀土深加工项目由省级政府核准
黄金	采选矿项目由省级政府核准
六、机械制造	
汽车	按照国务院批准的《汽车产业发展政策》执行。其中，新建中外合资轿车生产企业项目，由国务院核准；新建纯电动乘用车生产企业（含现有汽车企业跨类生产纯电动乘用车）项目，由国务院投资主管部门核准；其余项目由省级政府核准

图9.1　一张图读懂《政府核准的投资项目目录（2016年本）》（续）

《政府核准的投资项目目录（2016年本）》	
类别	项目及核准
七、轻工	
烟草	卷烟、烟用二醋酸纤维素及丝束项目由国务院行业管理部门核准
八、高新技术	
民用航空航天	干线支线飞机、6吨/9座及以上通用飞机和3吨及以上直升机制造、民用卫星制造、民用遥感卫星地面站建设项目，由国务院投资主管部门核准；6吨/9座以下通用飞机和3吨以下直升机制造项目由省级政府核准
九、城建	
城市快速轨道交通项目	由省级政府按照国家批准的相关规划核准
城市道路桥梁、隧道	跨10万吨级及以上航道海域、跨大江大河（现状或规划为一级及以上通航段）的项目由省级政府核准
其他城建项目	由地方政府自行确定实行核准或者备案
十、社会事业	
主题公园	特大型项目由国务院核准，其余项目由省级政府核准
旅游	国家级风景名胜区、国家自然保护区、全国重点温度保护单位区域内总投资5000万元及以上旅游开发和资源保护项目，世界自然和文化遗产保护区内总投资3000万元及以上项目，由省级政府核准
其他社会事业项目	按照隶属关系由国务院行业管理部门、地方政府自行确定实行核准或者备案
十一、外商投资	
《外商投资产业指导目录》中总投资（含增资）3亿美元及以上限制类项目，由国务院投资主管部门核准，其中总投资（含增资）20亿美元及以上项目报国务院备案。《外商投资产业指导目录》中总投资（含增资）3亿美元以下限制类项目，由省政府核准。 前款规定之外的属于本目录第一至十条所列项目，按照本目录第一至十条的规定执行	
十二、境外投资	
涉及敏感国家和地区、敏感行业的项目，由国务院投资主管部门核准。 前款规定之外的中央管理企业投资项目和地方企业投资3亿美元及以上项目报国务院投资主管部门备案	

图9.1　一张图读懂《政府核准的投资项目目录（2016年本）》（续）

9.2　一张图读懂全国投资项目在线审批监督平台

按照《中共中央　国务院关于深化投融资体制改革的意见》（中发〔2016〕18号）和《企业投资项目核准和备案管理条例》（国务院令第673号）要求，为加快项目履行核准建设程序，推进"互联网＋政务服务"，2017年2月1日全国投资项目在线审批监管平台起正式运行。现一张图（图9.2）说明如下。

图 9.2　一张图读懂全国投资项目在线审批监管平台

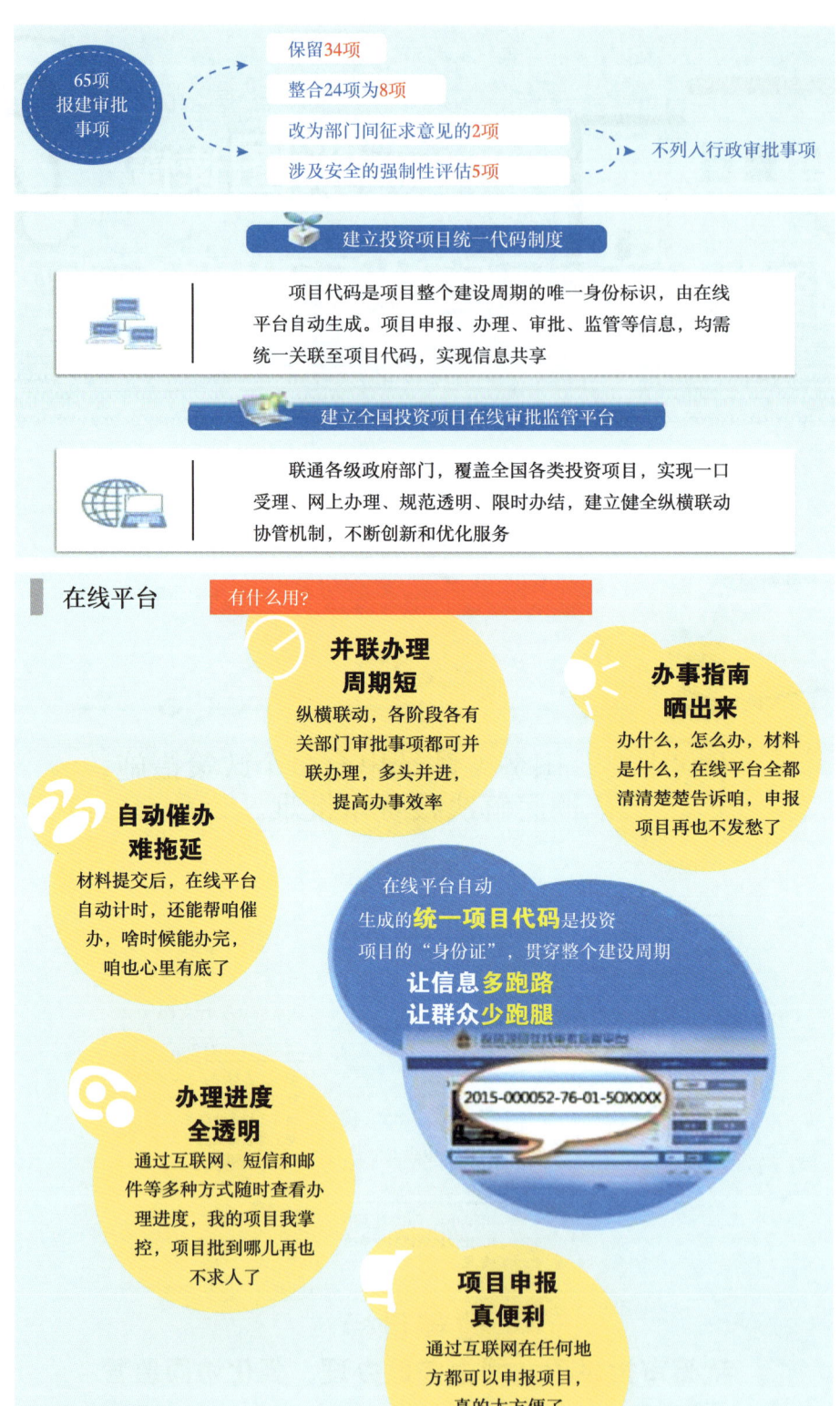

图9.2　一张图读懂全国投资项目在线审批监管平台（续）

9.3 一张图读懂国土空间规划

为落实中共中央、国务院深化"放管服"改革和优化营商环境的要求,2019年9月17自然资源部印发《自然资源部关于以"多规合一"为基础推进规划用地"多审合一、多证合一"改革的通知》(自然资规〔2019〕2号),加快推进建设项目规划用地"多审合一、多证合一"改革。现一张图(图9.3)说明如下。

图 9.3　一张图读懂规划用地"多审合一、多证合一"改革

涉及新增建设用地

——用地预审权限在自然资源部的——

建设单位向地方自然资源主管部门提出用地预审与选址申请，由地方自然资源主管部门受理；经省级自然资源主管部门报自然资源部通过用地预审后，地方自然资源主管部门向建设单位核发建设项目用地预审与选址意见书。

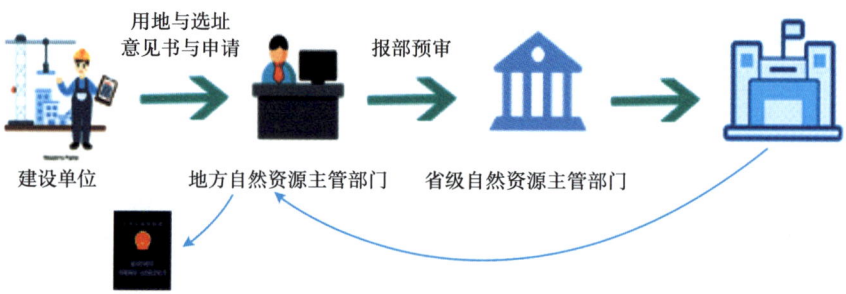

——用地预审权限在省级以下自然资源主管部门的——

由省级自然资源主管部门确定建设项目用地预审与选址意见书办理的层级和权限。

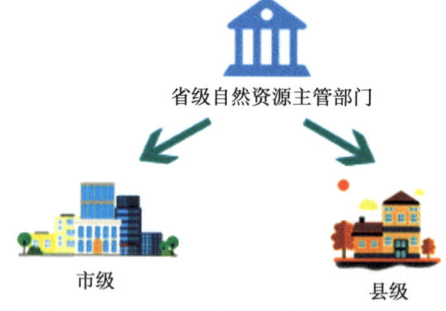

使用已经依法批准的建设用地进行建设的项目

不再办理用地预审；需要办理规划选址的，由地主自然资源主管部门对规划选址情况进行审查，核发建设项目用地预审与选址意见书。

建设项目用地预审与选址意见书有效期为3年，自批准之日起计算。

图 9.3　一张图读懂规划用地"多审合一、多证合一"改革（续）

2. 合并建设用地规划许可和用地批准

将建设用地规划许可证、建设用地批准书合并，自然资源主管部门统一核发新的建设用地规划许可证（图A.3和图A.4），不再单独核发建设用地批准书。

以划拨方式取得国有土地使用权的，建设单位向所在地的市、县自然资源主管部门提出建设用地规划许可申请，经有建设用地批准权的人民政府批准后，市、县自然资源主管部门向建设单位同步核发建设用地规划许可证、国有土地划拨决定书。

以出让方式取得国有土地使用权的，市、县自然资源主管部门依据规划条件编制土地出让方案，经依法批准后组织土地供应，将规划条件纳入国有建设用地使用权出让合同。建设单位在签订国有建设用地使用权出让合同后，市、县自然资源主管部门向建设单位核发建设用地规划许可证。

图9.3 一张图读懂规划用地"多审合一、多证合一"改革（续）

3. 推进多测整合、多验合一

以统一规范标准、强化成果共享为重点,将建设用地审批、城乡规划许可、规划核实、竣工验收和不动产登记等多项测绘业务整合,归口成果管理,推进"多测合并、联合测绘、成果共享"。不得重复审核和要求建设单位或者个人多次提交对同一标的物的测绘成果;确有需要的,可以进行核实更新和补充测绘。

在建设项目竣工验收阶段,将自然资源主管部门负责的规划核实、土地核验、不动产测绘等合并为一个验收事项。

4. 简化报件审批材料

各地要依据"多审合一、多证合一"改革要求,核发新版证书。对现有建设用地审批和城乡规划许可的办事指南、申请表单和申报材料清单进行清理,进一步简化和规范申报材料。除法定的批准文件和证书以外,地方自行设立的各类通知书、审查意见等一律取消。加快信息化建设,可以通过政府内部信息共享获得的有关文件、证书等材料,不得要求行政相对人提交;对行政相对人前期已提供且无变化的材料,不得要求重复提交。支持各地探索以互联网、手机APP等方式,为行政相对人提供在线办理、进度查询和文书下载打印等服务。

核发新版证书　　清理各项材料清单　　加快信息化建设　　搜索互联网
(除法定的批准文件和证书外)　(不需要重复提交材料)　手机APP等

本通知自发布之日起执行,有效期5年。各地可结合实际,制订实施细则。

图9.3　一张图读懂规划用地"多审合一、多证合一"改革(续)

图 A.1　建设项目用地预审与选址意见书封面

中华人民共和国

建设项目
用地预审与选址意见书

用字第______________号

根据《中华人民共和国土地管理法》《中华人民共和国城乡规划法》和国家有关规定，经审核，本建设项目符合国土空间用途管制要求，核发此书。

核发机关

日　　期

基本情况	项目名称	
	项目代码	
	建设单位名称	
	项目建设依据	
	项目拟选位置	
	拟用地面积（含各地类明细）	
	拟建设规模	
附图及附件名称		

遵守事项

一、本书是自然资源主管部门依法审核建设项目用地预审和规划选址的法定凭据。

二、未经依法审核同意，本书的各项内容不得随意变更。

三、本书所需附图及附件由相应权限的机关依法确定，与本书具有同等法律效力，附图指项目规划选址范围图，附件指建设用地要求。

四、本书自核发起有效期三年，如对土地用途、建设项目选址等进行重大调整的，应当重新办理本书。

图 A.2　建设项目用地预审与选址意见书内页

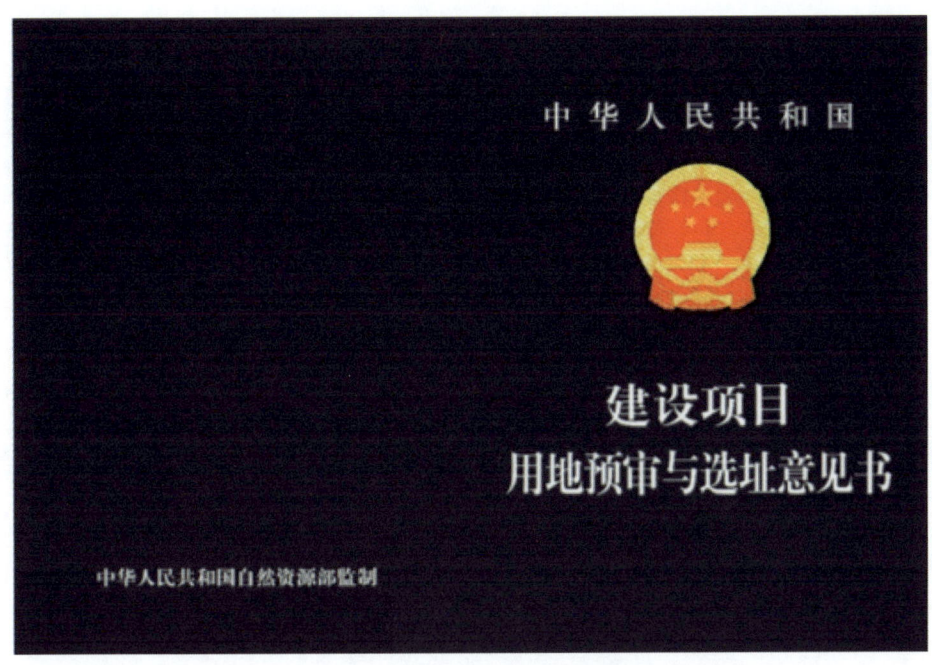

图 A.3　建设用地规划许可证封面

中华人民共和国

建设用地规划许可证

地字第＿＿＿＿＿＿＿＿＿＿号

根据《中华人民共和国土地管理法》《中华人民共和国城乡规划法》和国家有关规定，经审核，本建设用地符合国土空间规划和用途管制要求，颁发此证。

发证机关

日　期

用地单位	
项目名称	
批准用地机关	
批准用地文号	
用地位置	
用地面积	
土地用途	
建设规模	
土地取得方式	
附图及附件名称	

遵守事项

一、本证是经自然资源主管部门依法审核，建设用地符合国土空间规划和用途管制要求，准予使用土地的法律凭证。

二、未取得本证而占用土地的，属违法行为。

三、未经发证机关审核同意，本证的各项规定不得随意变更。

四、本证所需附图及附件由发证机关依法确定，与本证具有同等法律效力。

图 A.4　建设用地规划许可证内页

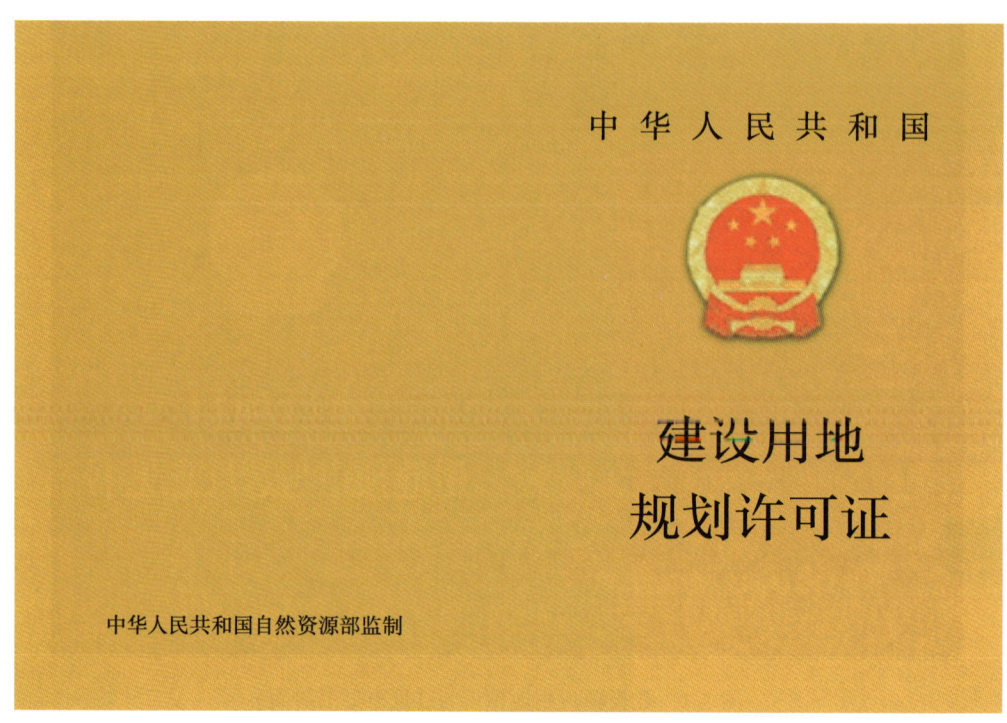

9.4 一张图读懂规划用地"多审合一、多证合一"改革

国土空间规划是国家空间发展的指南、可持续发展的空间蓝图,是各类开发保护建设活动的基本依据。2019 年 5 月,《中共中央 国务院关于建立国土空间规划体系并监督实施的若干意见》正式印发,明确提出建立国土空间规划体系并监督实施,将主体功能区规划、土地利用规划、城乡规划等空间规划融合为统一的国土空间规划,实现"多规合一",强化国土空间规划对各专项规划的指导约束作用。现一张图(图 9.4)说明如下。

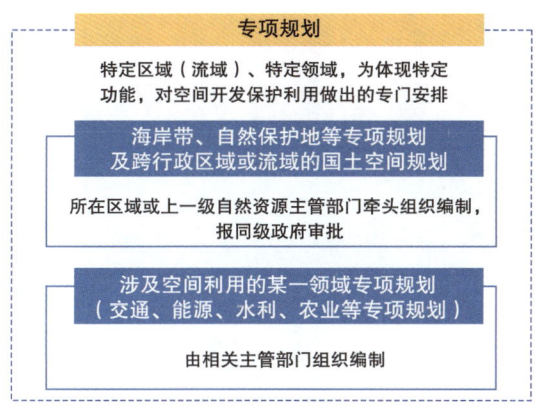

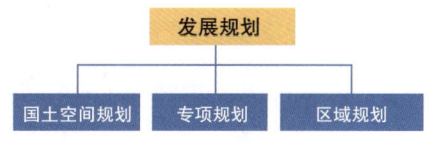

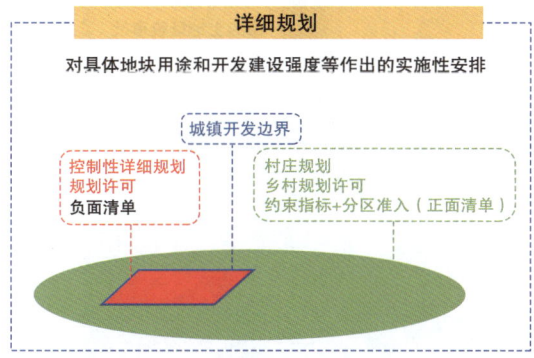

图 9.4 一张图读懂国土空间规划

9.5 一张图读懂《国务院关于授权和委托用地审批权的决定》

为贯彻落实党的十九届四中全会和中央经济工作会议精神,根据《中华人民共和国土地

管理法》相关规定,在严格保护耕地、节约集约用地的前提下,进一步深化"放管服"改革,改革土地管理制度,赋予省级人民政府更大用地自主权,2020年3月1日国务院印发了《国务院关于授权和委托用地审批权的决定》(国发〔2020〕4号)。现一张图(图9.5)说明如下。

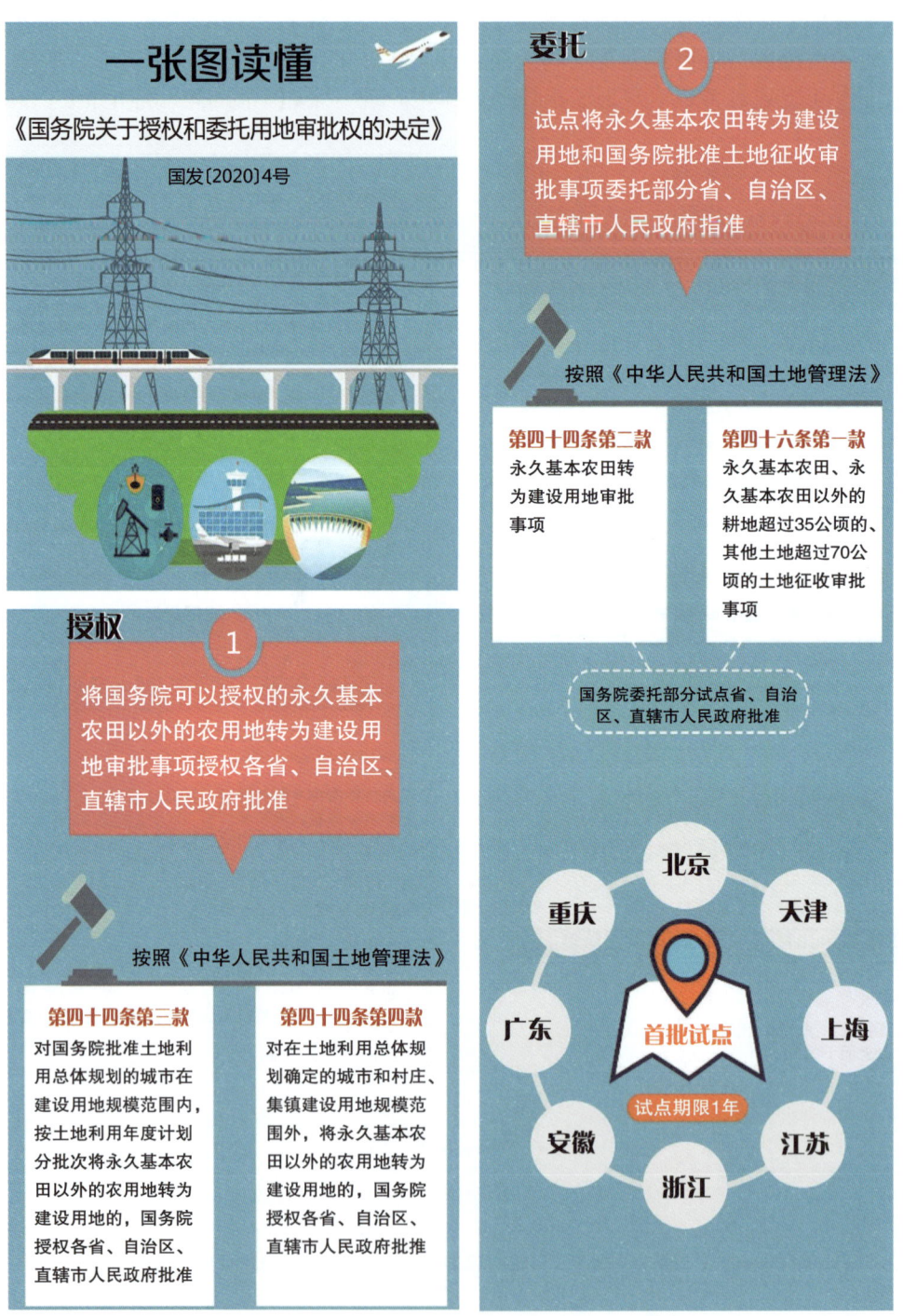

图9.5 一张图读懂《国务院关于授权和委托用地审批权的决定》

图 9.5　一张图读懂《国务院关于授权和委托用地审批权的决定》(续)

10 借鉴"划重点"方式进行相关法规关键内容解读

10.1 《中华人民共和国城乡规划法》（2019修正）解读

（1）立法沿革。

改革开放以来，特别是近20年来，随着计划经济体制向社会主义市场经济体制转变，中国的城乡发展建设发生了深刻的变化，城镇化呈现出新的特点。

1984年1月5日，国务院颁布了《城市规划条例》。1989年12月26日，第七届全国人民代表大会常务委员会第十一次会议通过《中华人民共和国城市规划法》。2007年10月28日，第十届全国人民代表大会常务委员会第三十次会议通过《中华人民共和国城乡规划法》，并于2008年1月1日起实施，《中华人民共和国城市规划法》同时废止。2015年4月24日，第十二届全国人民代表大会常务委员会第十四次会议通过对《中华人民共和国城乡规划法》作出修订。2019年4月23日，第十三届全国人民代表大会常务委员会第十次会议通过对《中华人民共和国城乡规划法》二次修订。

（2）修法意义。

制定出台《中华人民共和国城乡规划法》是从中国国情和各地实际出发，以多年的城市和乡村规划工作实践经验为基础，借鉴国外规划立法经验，进一步强化城乡规划管理的具体体现。它的出台，对于提高中国城乡规划的科学性、严肃性、权威性，加强城乡规划监管，协调城乡科学合理布局，保护自然资源和历史文化遗产，保护和改善人居环境，促进中国经济社会全面协调可持续发展具有长远的重要意义。

（3）遵循原则。

制定和实施城乡规划必须遵循的基本原则包括：

①城乡统筹原则。在规划的制定和实施过程中将市、镇、乡和村庄的发展统筹考虑，促进城乡居民享受公共服务的均衡化。

②合理布局原则。编制城乡规划，要从实现空间资源的优化配置，维护空间资源利用的公平性，促进能源资源的节约和利用，保障城市运行安全和效率方面，综合研究城镇布局问题，促进大中小城市和小城镇协调发展，促进城市、镇、乡和村庄的有序健康发展。

③节约土地原则。要切实改变铺张浪费的用地观念和用地结构不合理的状况，始终把节约和集约利用土地、严格保护耕地作为城乡规划制定与实施的重要目标，要根据产业结构调整的目标要求，合理调整用地结构，提高土地利用效益，促进产业协调发展。

④集约发展原则。必须充分认识中国长期面临的资源短缺约束和环境容量压力的基本国情，认真分析城镇发展的资源环境条件，推进城镇发展方式从粗放型向集约型转变，建设资源节约环境友好型城镇，增强可持续发展能力。

⑤规划后建设原则。坚持这一基本原则,一是各级人民政府及其城乡规划主管部门要严格依据法定的事权,及时制定城乡规划,加强规划的实施管理与监督;二是要严格依据法定程序制定和修改城乡规划,保证法定规划的严肃性;三是要严格依据法律规定,充分发挥法定规划对土地使用的指导和调控,促进城乡社会有序发展。

10.2 《国土资源部关于全面实行永久基本农田特殊保护的通知》解读

(1)总体要求。

包括两个方面:

一方面,全面实行永久基本农田特殊保护意义重大。新时代中国社会主要矛盾已转化为人民日益增长的美好生活需要和不平衡不充分的发展之间的矛盾,但人多地少、人均耕地资源少、耕地后备资源不足的基本国情没有改变。耕地是中国最为宝贵的资源,永久基本农田是最优质、最精华、生产能力最好的耕地,划定并守住永久基本农田控制线功在当前、利及长远,是确保国家粮食安全,加快推进农业农村现代化的有力保障,是深化农业供给侧结构性改革,促进经济高质量发展的重要基础,是实施乡村振兴、促进生态文明建设的必然要求,是贯彻落实新发展理念的应有之义、应有之举、应尽之责,对全面建成小康社会、建成社会主义现代化国家具有重大意义。

另一方面,准确把握全面实行永久基本农田特殊保护总体要求,要全面贯彻落实党的十九大精神,以习近平新时代中国特色社会主义思想为指导,统筹推进"五位一体"总体布局和协调推进"四个全面"战略布局,牢固树立和贯彻落实新发展理念,坚持农业农村优先发展战略,坚持最严格的耕地保护制度和最严格的节约用地制度,以守住永久基本农田控制线为目标,以建立健全"划、建、管、补、护"长效机制为重点,巩固划定成果,完善保护措施,提高监管水平。到 2020 年,全国永久基本农田保护面积不少于 15.46 亿亩,基本形成保护有力、建设有效、管理有序的永久基本农田特殊保护格局,筑牢实现"两个一百年"奋斗目标和中华民族伟大复兴中国梦的土地资源基础。

(2)基本原则。

要做到四个"坚持":

一是坚持保护优先。适应经济发展新常态和加快生态文明体制改革要求,牢固树立山水林田湖草是一个生命共同体理念,实现永久基本农田保护与经济社会发展、乡村振兴、生态系统保护相统筹。

二是坚持从严管控。强化用途管制,加强永久基本农田对各类建设布局的约束和引导,严格控制非农建设占用永久基本农田。

三是坚持补建结合。落实质量兴农战略,加强土地综合整治和高标准农田建设,提升永久基本农田综合生产能力,建立健全占用和补划永久基本农田踏勘论证制度,建设永久基本农田整备区。

四是坚持权责一致。充分发挥市场配置资源的决定性作用和更好发挥政府作用,强化永久基本农田保护主体责任,健全管控性、建设性和激励性保护政策,完善监管考核制度,实现永久基本农田保护权责相统一。

(3)巩固成果。

主要做到两个方面:

一方面，要守住永久基本农田控制线。已经划定的永久基本农田特别是城市周边永久基本农田原则上不得随意调整和占用。重大建设项目建设、生态建设等经国务院批准占用或调整永久基本农田的，以县（市）为单位按照永久基本农田划定的有关要求，补充调整相当数量和质量的永久基本农田。

另一方面，统筹永久基本农田保护与各类规划衔接。协同推进生态保护红线、永久基本农田、城镇开发边界3条控制线划定工作。各地区各有关部门在编制城乡建设、基础设施、生态建设等相关规划，推进"多规合一"过程中，划定生态保护红线、城镇开发边界工作中，要与已经划定的永久基本农田控制线充分衔接，原则上不得突破永久基本农田边界。

（4）推进方式。

推进永久基本农田建设，要结合实施乡村振兴战略和区域协调发展战略，以建设促保护。

一方面，要开展永久基本农田整备区建设。各省（区、市）国土资源主管部门要在划定永久基本农田控制线基础上，结合当地实际，组织开展零星分散耕地的整合归并、提质改造等工作，经整治后形成的集中连片、质量更优的耕地，经验收评估合格后，优先纳入永久基本农田整备区，作为调整完善或占用永久基本农田的补划基础。各县（市、区）永久基本农田整备区规模原则上不低于永久基本农田保护目标任务的1%，具体比例由市、县国土资源主管部门确定。

另一方面，要加强永久基本农田质量建设。整合各类涉农资金，吸引社会资本投入，优先在永久基本农田保护区和整备区开展土地综合整治、高标准农田建设，推动土地整治工程技术创新和应用，逐步将已划定的永久基本农田全部建成高标准农田。全面推行建设占用永久基本农田耕作层剥离再利用。

（5）管理方式。

严格管理，从严管控：

首先，要从严管控非农建设占用永久基本农田。永久基本农田一经划定，任何单位和个人不得擅自占用或者擅自改变用途，不得多预留一定比例永久基本农田为建设占用留有空间，严禁通过擅自调整县乡土地利用总体规划规避占用永久基本农田的审批，严禁未经审批违法违规占用。按有关要求，重大建设项目选址确实难以避让永久基本农田的，在可研阶段，省级国土资源主管部门负责组织对占用的必要性、合理性和补划方案的可行性进行论证，报自然资源部进行用地预审；农用地转用和土地征收依法依规报国务院批准。

其次，要坚决防止永久基本农田"非农化"。永久基本农田必须坚持农地农用，禁止任何单位和个人在永久基本农田保护区范围内建窑、建房、建坟、挖沙、采石、采矿、取土、堆放固体废物或者进行其他破坏永久基本农田的活动；禁止任何单位和个人占用永久基本农田植树造林；禁止任何单位和个人闲置、撂荒永久基本农田；禁止以设施农用地为名占用永久基本农田，建设休闲旅游、仓储厂房等设施；合理引导利用永久基本农田进行农业结构调整，不得对耕作层造成破坏。

（6）补划方法。

做好永久基本农田补划：

首先要明确永久基本农田补划要求。重大建设项目占用或因依法认定的灾毁等原因减少永久基本农田的，按照"数量不减、质量不降、布局稳定"的要求开展补划，补划的永久基本农田必须是耕地，原则上要求与现有永久基本农田集中连片，补划数量、质量与占用或减少的永久基本农田相当，占用或减少城市周边范围内的，原则上在城市周边范围内补划。

其次，要做好永久基本农田补划方案编制论证。按照2018年中央4号文件要求，重大建设项目选址确实难以避让永久基本农田的，依法认定的灾毁等原因减少永久基本农田的，由地方国土资源主管部门根据TD/T 1032—2011《基本农田划定技术规程》，组织编制永久基本农田补划方案，由省级国土资源主管部门组织实地踏勘论证并出具论证意见。

（7）机制措施。

建立健全永久基本农田保护机制，要强化永久基本农田对各类建设布局的约束和引导，严格落实保护责任，建立健全考核、补偿、监管的长效机制。

一是强化永久基本农田保护考核机制。落实地方各级政府保护耕地的主体责任，将永久基本农田保护情况作为省级政府耕地保护责任目标考核、粮食安全省长责任制考核、领导干部自然资源资产离任审计的重要内容，将永久基本农田特殊保护落实情况与安排年度土地利用计划、土地整治工作专项资金相挂钩。对永久基本农田保护情况考核中发现突出问题的，及时公开通报，要求限期整改，整改期间暂停所在省份相关市、县农用地转用和土地征收申请受理与审查。

二是完善永久基本农田保护补偿机制。总结地方经验，积极推进中央和地方各类涉农资金整合，按照谁保护、谁受益的原则，探索耕地保护激励性补偿和跨区域资源性补偿。鼓励有条件的地区建立耕地保护基金，与整合有关涉农补贴政策、完善粮食主产区利益补偿机制相衔接，与生态补偿机制相联动，对承担永久基本农田保护任务的农村集体经济组织和农户给予奖补。

三是构建永久基本农田动态监管机制。永久基本农田划定成果纳入国土资源遥感监测"一张图"和综合监管平台，作为土地审批、卫片执法、土地督察的重要依据。建立永久基本农田监测监管系统，完善永久基本农田数据库更新机制。结合土地督察、全天候遥感监测、土地卫片执法检查等对永久基本农田数量和质量变化情况进行全程跟踪，实现永久基本农田全面动态管理。

（8）组织措施。

包括三个方面：

①要加强组织领导。各级国土资源主管部门要在地方政府领导下，增强大局意识和责任意识，全面贯彻执行永久基本农田特殊保护政策，积极探索符合地方实际的保护措施，推动永久基本农田保护新局面。

②要加强督促检查。各省（区、市）国土资源主管部门要根据通知要求，结合实际情况，抓紧制定具体实施办法，强化土地执法监察，及时发现、制止和查处违法乱占耕地特别是永久基本农田的行为。各派驻地方的国家土地督察机构要加强对永久基本农田占用补划情况的监督检查，对督察发现的违法违规问题，及时向地方政府提出整改意见，并督促问题整改到位。

③要加强总结宣传。各省（区、市）国土资源主管部门要认真总结推广基层永久基本农田特殊保护的成功经验和做法，强化舆论宣传和社会监督，主动加强永久基本农田特殊保护政策解读，及时回应社会关切，引导全社会树立保护永久基本农田的意识，营造自觉主动保护永久基本农田的良好氛围。

10.3 《跨省域补充耕地国家统筹管理办法》解读

（1）实行跨省域补充耕地国家统筹重要意义。

耕地占补平衡制度是土地用途管制的核心内容，是严格耕地保护的重要举措。近年来，中国严格执行耕地占补平衡制度，坚持耕地"占一补一、占优补优"，取得了显著成效。由于中国耕地后备资源区域分布不均，随着补充耕地的持续开展，一些地方特别是直辖市和东部等省份，在本省域内落实耕地占补平衡难以为继。为此，根据《中华人民共和国土地管理法》关于"个别省、直辖市确因土地后备资源匮乏，新增建设用地后，新开垦耕地的数量不足以补偿所占用耕地的数量的，必须报经国务院批准减免本行政区域内开垦耕地的数量，进行易地开垦"的规定，在全国范围内统筹实施耕地占补平衡，制定了跨省域补充耕地国家统筹的政策措施，出台了《跨省域补充耕地国家统筹管理办法》（以下简称《办法》）与《关于实施跨省域补充耕地国家统筹有关问题的通知》（以下简称《通知》）。实施跨省域补充耕地国家统筹有三方面重要意义：

第一，有利于统筹谋划耕地保护，推动区域协调发展。土地的利用与保护必须研判区域资源环境承载状况，必须通过实施国土空间规划，通过生态保护红线、永久基本农田、城市开发边界"三区三线"划定，实现严格保护耕地，严格集约节约用地。实行补充耕地国家统筹，从宏观战略层面，无疑会促进落实国土空间规划，促进区域协调发展战略实施。

第二，有利于妥善解决保护与保障的用地矛盾。经济发达地区耕地保护与用地保障的矛盾尤为突出，要在严守耕地红线前提下，为经济社会发展提供合理的用地保障。实行补充耕地国家统筹是一项解决保护与保障用地矛盾的有效办法，避免了重点建设项目落地难或补充耕地"东拼西凑"、难见实效的困境。

第三，有利于发挥经济发达地区和资源丰富地区资金源互补优势，助推脱贫攻坚和乡村振兴。通过补充耕地国家统筹，把区域资金资源特点结合起来，为脱贫攻坚和乡村振兴筹集更多资金。《办法》明确规定，收取的跨省域补充耕地资金，除一部分给承担补充耕地任务的省份优先用于补充耕地外，其余全部用于脱贫攻坚和乡村振兴。

（2）实施补充耕地国家统筹。

补充耕地国家统筹涉及占用耕地省份与补充耕地省份，实施统筹总体分三步走：

第一步，原则上每年第一季度，占地省份与补地省份省级政府分别向国务院提出申请，包括占地省份申请补充耕地国家统筹的理由、规模、资金缴纳承诺等，补地省份申请承担补充耕地理由、承担规模、补充耕地项目情况、资金使用安排等。

第二步，核定补充耕地国家统筹规模。自然资源部会同财政部对有关省份补充耕地国家统筹申请进行评估论证，形成审查意见报国务院批准后，函复有关省级人民政府，明确补充耕地国家统筹规模。有关省份按确定的统筹规模和有关要求报批用地，应缴纳的跨省域补充耕地资金在中央财政与地方财政年终结算时，由省级财政通过一般公共预算转移性支出上解中央财政。

第三步，落实承担补充耕地任务。自然资源部组织对有关省份申请承担补充耕地任务的新增耕地进行实地核实，会同财政部提出统筹补充耕地方案，经国务院同意后，函复有关省级人民政府，明确用于统筹补充耕地的新增耕地规模，相应的国家统筹补充耕地经费由中央财政通过转移支付下达有关省份，有关省份做好承担补充耕地的实施管理工作。

(3)实施补充耕地国家统筹的关键点。

根据《办法》《通知》有关规定,实施补充耕地国家统筹要注意把握好四个方面:

一是申请补充耕地国家统筹的省份限定在直辖市和资源环境条件严重约束、由于实施重大建设项目造成补充耕地缺口的省,自治区不在申请范围内。重大建设项目依照允许占用永久基本农田的重大建设项目范围确定。

二是承担统筹任务的补充耕地必须是土地整治和高标准农田建设项目新增的耕地,严防违背自然规律和生态保护要求,盲目垦造耕地,破坏生态环境。

三是综合考虑耕地类型、粮食产能和区域经济发展水平,确定跨省域补充耕地资金收取标准和支付统筹补充耕地经费标准。经国务院批准,国家重大公益性建设项目可适当降低资金收取标准。跨省域补充耕地资金除一部分优先用于承担的补充耕地任务外,其余全部用于巩固脱贫攻坚成果和支持实施乡村振兴战略。

四是跨省域补充耕地由国家统一组织实施,不允许省际自行交易。

(4)跨省域补充耕地过程中,实现耕地数量、质量占补平衡。跨省域补充耕地纳入现行耕地占补平衡管理制度体系。

为实现耕地"占一补一、占优补优、占水田补水田",无论是占用的耕地,还是跨省域补充的耕地,都按照耕地数量水田规模和粮食产能分别建立指标库,并分项制定跨省域补充耕地资金收取标准和支付统筹补充耕地经费标准,由国家统筹安排实现耕地数量、质量占补总体平衡。因此,申请补充耕地国家统筹或申请承担统筹补充耕地任务可以是耕地数量、水田规模和粮食产能三项指标一并申请,也可以根据实际情况分项单独申请。

(5)确保补充耕地真实可信。确保补充耕地真实可信,是实施好跨省域补充耕地国家统筹的重要任务,也是关键环节。为此,将重点抓好三项工作:

一是共同监管。自然资源部利用农村土地整治监测监管系统,加强补充耕地报部备案、上图入库管理,同时建立跨省域补充耕地国家统筹信息管理平台,加强日常监管;省级自然资源主管部门加强对补充耕地项目的管理与指导,做到选项严格、管理规范;市、县自然资源主管部门组织做好补充耕地项目实施,保证项目建设高标准、高质量。

二是实地核实。对承担统筹补充耕地任务的所有项目,自然资源部组织实地核实;涉及农业农村主管部门管理的高标准农田建设项目新增耕地,会同农业农村部进行实地核实,确保补充耕地真实可信。

三是纳入考核。将补充耕地国家统筹纳入省级政府耕地保护责任目标考核内容。通过省级政府耕地保护责任目标检查、考核和国家土地督察等工作,及时发现并纠正存在的问题,强化落实责任,务求实效,确保跨省域补充耕地顺利实施。

10.4 石油天然气工程项目用地控制指标政策解读

2016年,国土资源部下发了《关于发布〈石油天然气工程项目用地控制指标〉的通知》(国土资规〔2016〕14号),为准确理解和把握政策,规范开展用地管理工作,对该文件的发布背景、起草过程、主要内容等进行如下解读。

(1)关于《石油天然气工程项目建设用地指标》修订的必要性。

2009年,住房和城乡建设部和国土资源部联合下发了《石油天然气工程项目建设用地指标》(建标〔2009〕7号,以下简称《指标》),《指标》发布实施以来,在规范石油天然气工程项目依法合理用地、节约集约用地方面发挥了重要作用。该次对2009年编制的《指标》进行修订,主要是出于以下四个方面的考虑。

一是修订《指标》是完善土地使用标准,促进节约集约用地的有效手段。《节约集约利用土地规定》(国土资源部令第61号)明确提出,国家实行建设项目用地标准控制制度,国土资源部会同有关部门制定工程建设项目用地控制指标、工业项目建设用地控制指标等用地标准。《国土资源部关于推进土地节约集约利用的指导意见》(国土资发〔2014〕119号)要求,健全用地控制标准,严格执行各行各业建设项目用地标准。对2009年版的《指标》进行修订,既是完善建设用地标准体系的重要内容,也是加强石油天然气用地管理,促进石油天然气项目合理利用土地的重要手段。

二是《指标》修订是满足石油天然气行业新技术新工艺发展的需要。据中国石油、中国石化提供的相关资料,随着社会经济发展和科技进步,油气田采油井场、采气井场的钻井技术不断提高,目前井深已经达到7000米。2016年3月,中国石化西南油气分公司在四川省绵竹市开钻的一处科学探索井(井科1井),设计深度达8875米。行业新技术的普及和运用,对在石油天然气工程项目中增加新的功能分区提出了要求。而在2009版的《指标》中,油气田采油井场、采气井场井深只控制到3000米,已经不能完全满足建设需要。此外,2009版的《指标》中也没有涵盖致密气、页岩气、煤层气等非常规气田(指用传统技术无法获得自然工业产量、需用新技术改善储层渗透率或流体黏度等才能经济开采、连续或准连续型聚集的天然气资源)开发建设的用地需求。因此,修订完善《指标》,保障石油天然气行业新技术新工艺发展的用地需要,十分必要。

三是《指标》修订是支持石油天然气行业国际合作的现实需求。近几年,石油天然气行业国际合作不断深化,中国的国际合作越来越深入,中俄天然气合作项目不断拓展,西线管道将西伯利亚开采的天然气输入中国新疆境内,东线管道经俄罗斯远东地区输送到中国东北地区。因工艺要求和国家环保标准提高,中国石油建设的长距离输气管道管径达1200~1300毫米。依据中国石油提供的《天然气与管道业务"十三五"发展总体规划》,"十三五"时期国家深入开展大口径1422毫米、X80高钢级管道及配套技术的研究,为中俄东线工程建设提供技术支持。而在2009年版的《指标》中,输气管道的管径最大只有800毫米。修订完善《指标》,满足长距离大管径输气管道项目的用地需要,有利于油气资源国际合作。

四是国家对《指标》修订有明确要求。2015年,国务院安全生产委员会印发的《油气输送管道保护和安全监管职责分工》(安委〔2015〕4号)中第四条要求:由国土资源部牵头,组织制定油气输送管道项目土地利用政策、措施及用地标准。《国土资源工作要点》(国土资发〔2016〕1号)进一步明确,由国土资源部利用司牵头,在2016年第四季度发布《石油天然气工程项目用地控制指标》。修订完善《指标》,既是落实国务院安全生产委员会确定的任务分工,也是落实国土资源部确定的重点工作任务要求。

(2)关于《指标》修订的过程。

2015年,国土资源部专门成立了由部土地整治中心牵头,中国石油及其所属设计单位和技术单位专家组成的《指标》修订课题组,启动了《指标》数据资料收集整理、测算分析工作。课题组到大庆油田、塔里木油田调研油气井场和长距离输气管道用地情况,到四川、重庆调研页岩气、高含硫天然气开采井场用地情况,取得油气田井场、站场、长距离输气管道用地的第一手资料。同时,采集了中国石油和中国石化近5年建成投产、体现站场先进工艺水平的850多个建设项目数据,对各井场、站场、输气管道的用地规模作了详细测算。2016年4月,形成《指标》征求意见稿,不仅征求了省级国土资源部门的意见,同时也征求了中国石油和中国石化所属项目建设单位的意见。8月底,在北京组织召开了专家论证会,由中科院地理科学与资源研究所、中国石油、中国石化、河北省国土资源厅、新疆国土资源厅等单位专家组成的专家组对《指标》进行了充分论证。

(3)关于《指标》修订的原则。

2009年发布实施的《指标》共六章,分别如下:总则、节约集约用地的基本规定、油田工程建设用地指标、气田工程建设用地指标、长距离输油气管道工程建设用地指标、用地指标调整。考虑到2009年版的《指标》结构比较合理,内容相对完整,因此,修订遵循4个原则:一是结构微调原则。在保持《指标》原有结构基本不变的情况下,将第一章、第二章合并为一章,统称为基本规定,另外四章保持结构不变,修订后的《指标》共有五章。二是科技创新原则。《指标》修订中,将近年来石油天然气勘探开发的新工艺新技术对土地的需要,较为客观地体现在用地指标中。三是满足安全生产原则。结合行业生产场所具有易燃、易爆的特点,《指标》修订充分考虑安全生产的因素,实行安全生产前提下的合理用地。四是节约集约用地原则。国土资源部先后下发的《节约集约用地规定》(国土资源部令第61号)、《关于推进国土资源节约集约利用的指导意见》(国土资发〔2014〕119号)、《关于规范开展建设项目节地评价工作的通知》(国土资厅发〔2015〕16号),对建设项目节约集约用地有明确要求,《指标》修订体现了节约集约用地的最新政策。

(4)关于《指标》的框架和结构。

修订后的《指标》总体框架分为指标主体、术语、指标条文说明三个部分。第一部分是指标主体,共分五章:基本规定、油田工程用地控制指标、气田工程用地控制指标、长距离输油气管道工程用地控制指标、用地指标计算范围及调整。第二部分是术语,对指标中涉及的转接站、配注站、稠油、二氧化碳注入站、天然气脱硫站、压气站等31个专业名词进行中英文对照及解释。第三部分是指标条文说明,对指标中的所有条文作了详细说明。

(5)关于《指标》的性质。

可以从三个方面来把握。一是修订后的《指标》,既有技术标准方面的要求,又有管理政策上的要求。既是建设单位可研报告、初步设计过程中确定项目用地规模的重要标准,又是国土资源主管部门用地审批、土地供应、供后监管的依据。二是《指标》实行上限控制,石油天然气项目的用地规模应控制在《指标》确定的用地规模内,不应突破《指标》确定的用地规模上限。因此,修订后,指标名称由2009版的《石油天然气工程项目建设用地指标》,调整为《石油天然气工程项目用地控制指标》,去掉了"建设",增加了"控制",进一步强调了《指标》的用地范围和控制作用。三是《指标》中所指的土地,既包括农用地,也包括建设用地和未利用地,项目用地无论占用的是农用地、建设用地,还是未利用地,均应遵循本指标的控制性要求。

(6)关于《指标》主要内容的调整。

与2009年住房城乡建设部和国土资源部下发的《指标》相比,修订后的《指标》在内容上主要做了以下四方面调整。

一是在第一章基本规定中,增加了土地利用管理的法规政策要求。①明确了指标适用范围。主要适用于新建陆上油气田及长输管道站场工程项目。改建、扩建项目应充分利用既有场地和设施，尽量不新增用地，需新增用地的，用地规模应控制在《指标》中相同建设规模工程用地指标范围内。②明确了超标准建设的节地评价。因安全生产、地形地貌、工艺技术等有特殊要求，石油天然气工程项目确需突破《指标》确定的用地规模和功能分区的，需要开展节地评价，评审论证。

二是在第二章油田工程用地控制指标中，将油田工程用地功能分区从原有的10个调整到13个。①增加了新的站场类型。随着石油天然气行业不断发展，由于油气生产技术的提高，对应新的工艺技术，出现了新的站场类型。油田工程用地指标增加了钻井作业场地井场、转油放水站、调配站、二氧化碳注入站、二氧化碳液化站、三元污水处理站6个类型的站场。②增加了新的分档类型。随着站场实际生产规模的扩大，钻井深度的加深，增加了站场用地指标的分档数量。增加了井场、计量站、配水间、注配间、接转站、稠油计量接转站、注入站、配制站、含油污水深度处理站、集气增压站共10个类型站场的规模分档。③调整了原有指标的用地规模。按照石油天然气行业安全生产标准SY 5974—2014《钻井井场、设备、作业安全技术规程》、SY 5727—2014《井下作业安全规程》要求，对油田工程项目中的20项指标进行了调整，提高了上限控制标准。

三是在第三章气田工程用地控制指标中，对气田工程项目的功能分区作了调整。①增加了新的站场类型。随着石油天然气行业不断发展，由于油气生产技术的提高，对应新的工艺技术，出现了新的站场类型。气田工程用地指标增加了钻井作业场地井场站场。在重新梳理功能分区情况下，综合考虑从原来油田工程项目用地指标内调入了凝析气集中处理站、凝析油铁路装车站两个站场指标。②增加了新的分档类型。随着站场实际生产规模的扩大，钻井深度的加深，增加了井场站场、天然气脱硫站、集气站和天然气净化（处理）厂4个用地指标的分档数量。③调整了原有指标的用地规模。按照石油天然气行业安全生产标准SY 5974—2014《钻井井场、设备、作业安全技术规程》、SY 5727—2014《井下作业安全规程》要求，对气田工程项目中的18项用地指标作了调整，提高了上限控制标准。④增加了非常规气田站场。随着科技的发展和进步，致密气、页岩气、煤层气等开发力度逐渐加大，在此次修订中，明确规定了此类非常规气田的集气站、增压站、脱水（硫）站、天然气净化（处理）厂用地指标的规定。

四是增加了长距离输油气管道管径和分档数据。《指标》修订后，天然气管道的管径从由800mm调整到1500mm，增加了大口径天然气管道不加压首站、加压首站和中间压气站、末站和分输站、清管站、阀室、天然气站场维抢修队6项站场的分档类型。

（7）关于《指标》的特点。

与《石油天然气工程项目建设用地指标》（建标〔2009〕7号）相比，修订后的《指标》主要体现三个特点：

一是广泛性。修订后的《指标》进一步扩大了石油天然气建设项目的覆盖面，将目前国内新增的各类油田、气田、输油气管道的建设项目用地全部涵盖在内，实现了石油天然气工程项目用地的全覆盖。

二是规范性。修订后的《指标》依据国家节约集约用地政策要求和石油天然气行业安全生产技术规范，对指标控制作了明确要求，对功能分区进行了细化，具有科学性和规范性。

三是实用性。在《指标》修订过程中，收集了全国多个省份、多种地形地貌情况下的油田、气田、输油气管道项目实际建设案例，通过对用地规模测算，计算出用地指标，具有较强的实用性和可操作性。

10.5 《中华人民共和国安全生产法》（2014 修正）解读

《中华人民共和国安全生产法》（2014 修正）的主要内容和亮点如下：

（1）以人为本，坚持安全发展。新法明确提出安全生产工作应当以人为本，将坚持安全发展写入了总则，对于坚守红线意识、进一步加强安全生产工作、实现安全生产形势根本性好转的奋斗目标具有重要意义。

（2）建立完善安全生产方针和工作机制。将安全生产工作方针完善为"安全第一、预防为主、综合治理"，进一步明确了安全生产的重要地位、主体任务和实现安全生产的根本途径。提出要建立生产经营单位负责、职工参与、政府监管、行业自律、社会监督的工作机制，进一步明确了各方安全职责。

（3）落实"三个必须"，确立安全生产监管执法部门地位。按照安全生产"管行业必须管安全、管业务必须管安全、管生产经营必须管安全"的要求，该法一是规定国务院和县级以上地方人民政府应当建立健全安全生产工作协调机制，及时协调、解决安全生产监督管理中的重大问题。二是明确各级政府安全生产监督管理部门实施综合监督管理，有关部门在各自职责范围内对有关"行业、领域"的安全生产工作实施监督管理。三是明确各级安全生产监督管理部门和其他负有安全生产监督管理职责的部门作为行政执法部门，依法开展安全生产行政执法工作，对生产经营单位执行法律法规、国家标准或者行业标准的情况进行监督检查。

（4）强化乡镇人民政府以及街道办事处、开发区管理机构安全生产职责。乡镇街道是安全生产工作的重要基础，有必要在立法层面明确其安全生产职责，同时针对各地经济技术开发区、工业园区的安全监管体制不顺、监管人员配备不足、事故隐患集中、事故多发等突出问题，该法明确乡镇人民政府以及街道办事处、开发区管理机构等地方人民政府的派出机关应当按照职责，加强对本行政区域内生产经营单位安全生产状况的监督检查，协助上级人民政府有关部门依法履行安全生产监督管理职责。

（5）明确生产经营单位安全生产管理机构、人员的设置、配备标准和工作职责。一是明确矿山、金属冶炼、建筑施工、道路运输单位和危险物品的生产、经营、储存单位，应当设置安全生产管理机构或者配备专职安全生产管理人员，将其他生产经营单位设置专门机构或者配备专职人员的从业人员下限由 300 人调整为 100 人。二是规定了安全生产管理机构以及管理人员的 7 项职责，主要包括拟定本单位安全生产规章制度、操作规程、应急救援预案，组织宣传贯彻安全生产法律、法规，组织安全生产教育和培训，制止和纠正违章指挥、强令冒险作业、违反操作规程的行为，督促落实本单位安全生产整改措施等。三是明确生产经营单位作出涉及安全生产的经营决策，应当听取安全生产管理机构以及安全生产管理人员的意见。

（6）明确了劳务派遣单位和用工单位的职责和劳动者的权利义务。一是规定生产经营单位应当将被派遣劳动者纳入本单位从业人员统一管理，对被派遣劳动者进行岗位安全操作规程和安全操作技能的教育和培训。劳务派遣单位应当对被派遣劳动者进行必要的安全生产教育和培训。二是明确被派遣劳动者享有该法规定的从业人员的权利，并应当履行该法规定的从业人员的义务。

（7）建立事故隐患排查治理制度。把加强事前预防、强化隐患排查治理作为一项重要内容：一是生产经营单位必须建立事故隐患排查治理制度，采取技术、管理措施消除事故隐患。二是政府有关部门要建立健全重大事故隐患治理督办制度，督促生产经营单位消除重大事故隐患。三是对未建立隐患排查治理制度、未采取有效措施消除事故隐患的行为，设定了严格的行政处罚。

（8）推进安全生产标准化建设。结合多年来的实践经验，在总则部分明确生产经营单位应当推进安全生产标准化工作，提高本质安全生产水平。

（9）推行注册安全工程师制度。确立了注册安全工程师制度，并从两个方面加以推进：一是危险物品的生产、储存单位以及矿山、金属冶炼单位应当有注册安全工程师从事安全生产管理工作，鼓励其他单位聘用注册安全工程师；二是建立注册安全工程师按专业分类管理制度，授权国务院人力资源和社会保障部门、安全生产监督管理等部门制定具体实施办法。

（10）推进安全生产责任保险。根据2006年来在河南省、湖北省、山西省、北京市、重庆市等省（市）的试点经验，重点是为了增加事故应急救援和事故单位从业人员以外的事故受害人的赔偿补偿资金来源，该法规定国家鼓励生产经营单位投保安全生产责任保险。

10.6 《中华人民共和国环境影响评估法》（2016修正）解读

（1）修法背景。原有《中华人民共和国环境影响评估法》于2003年实施，其立法旨在实施可持续发展战略，预防因规划和建设项目实施后对环境造成不良影响，促进经济、社会和环境的协调发展。在颁布实施13年期间，这一法律在预防环境污染和生态破坏方面发挥了重要作用。但"卡着审批吃环保、戴着红顶赚黑钱""环评变坏评"等立法漏洞也日益暴露出来。新修改的《中华人民共和国环境影响评估法》于2016年7月2日由第十二届全国人民代表大会常务委员会第二十一次会议审议通过，自2016年9月1日起正式施行。

（2）新法特点。新修改的《中华人民共和国环境影响评估法》提高了未批先建的违法成本，大幅度提高了惩罚的限额。项目投资如果超1亿元，罚款可以超过100万元。可以责令恢复原状，则意味着企业前期投资将会"打水漂"，这将对企业产生强大威慑力。新修改的《中华人民共和国环境影响评估法》主要具有以下三个特点：

①一是弱化了项目环评的行政审批要求。修改前的《中华人民共和国环境影响评估法》试图通过行政审批增强其强制力。然而，实践表明，这一设计使环评越来越背离制度设计的初衷。环评的目的逐渐从改善项目环境质量演化成了"通过审批"，环评成为建设项目或规划草案获得行政准许的工具，沦为建设项目的"买路条、敲门砖"。为了通过审批，一些环评机构开始造假，导致环评机构和环评人员信用丧失，环评体系遭受系统性损害，甚至影响了环评制度的信用。

新修改的《中华人民共和国环境影响评估法》规定，环评行政审批不再作为可研报告审批或项目核准的前置条件，即环评的行政审批要求被弱化。压缩了环评审批权的空间，将环境影响登记表审批改为备案，不再将水土保持方案的审批作为环评的前置条件，取消了环境影响报告书、环境影响报告表预审等。环评审批弱化事前、强化事中和事后监管，有助于促使政府职能正确定位，提升行政管理效能，发挥宏观控制作用。

②二是强化了规划环评。规划环评在中国难以开展的原因之一在于，规划编制机关主动开展规划环评或主动采纳规划环评结论和建议的积极性不高。此外，环评与相关规划学科之间存在天然隔阂，受规划编制机关委托具体承担规划编制的咨询机构（如规划设计院等）对规划环评研究不甚深入，与规划环评的具体承担机构（如高校或地方环境科学院所等）之间往往存在意见分歧，造成环评的结论和建议难以实质性地被采纳。有些被采纳的意见不接地气，在实践中又很难落实。

修改后的《中华人民共和国环境影响评估法》规定，专项规划的编制机关需对环境影响报告书结论和审查意见的采纳情况作出说明，不采纳的，应当说明理由。这一修改将增强规划环评的有效性，规划编制机关必须对环评结论和审查意见进行响应。修改后的《中华人民共和国环境影响评估法》规定，规划环评意见需作为项目环评的重要依据，且后续的项目环评内容的审查意见应予以简化，这也进一步体现出规划和项目之间的有效互动。

③三是加大了处罚力度。修改前的《中华人民共和国环境影响评估法》对未批先建违法企业处罚力度不够。未批先建企业受到的处罚只有停止施工、补做环评、接受处罚，最多处罚20万元。这一罚款额度对于动辄投资数十亿元甚至上百亿元的大型项目就是"九牛一毛"。导致在实践中部分企业投机取巧，"先上车后补票"。这就让企业产生了逻辑错位：一个规规矩矩做了环评的企业，可能因未通过审批而不能立项；另一个环评违法企业只要肯认罚，至多缴纳20万元的罚款，就能通过审批。这就导致违法企业成本低、守法企业成本高，甚至出现"劣币驱逐良币"的现象。

新修改的《中华人民共和国环境影响评估法》根据违法情节和危害后果，可对建设项目处以总投资额1%以上5%以下的罚款，并可以责令恢复原状，大大提高了未批先建的违法成本。

（3）新法目标。通过弱化行政审批、强化规划环评、加大未批先建处罚力度，新修改的《中华人民共和国环境影响评估法》目的在于实现从源头减少环境污染的目标。当然，要使环评制度更好地发挥作用，还需强化规划环评，促进其参与综合决策并发挥实质性作用；强化公众参与，以社会监督防止权力任性对环评的干预；强化法治以形成对行政权力的制约和监督，进一步推动行政体制改革。

10.7 《中华人民共和国文物保护法》（2017修正）解读

2017年11月4日，第十二届全国人民代表大会常务委员会第三十次会议审议通过了关于修改《中华人民共和国会计法》等11部法律的决定，其中包括《中华人民共和国文物保护法》，自11月5日起施行。这是《中华人民共和国文物保护法》继2015年4月24日第四次修正后的又一次重要修改。具体解读如下：

为了进一步推进简政放权、放管结合、优化服务改革，更大程度上激发市场、社会的创新创造活力，为"放管服"改革破除制度上的障碍。这次修改涉及《中华人民共和国文物保护法》第二十条第二款、第四十条第二款、第五十六条第一款、第五十七条第一款、第七十一条、第七十三条，对于文物保护单位原址保护、国有文物收藏单位之间借用馆藏一级文物、文物商店售前审核等工作进行了相应规范，"既做减法，也做加法"，在取消相关审批事项的同时，补充了相应的事中事后监管措施。

《中华人民共和国文物保护法》第二十条第二款删去了"将保护措施列入可行性研究报告或者设计任务书"，对于文物保护单位原址保护会产生影响。只是将文物保护措施审批由项目核准的前置审批改为并联审批，对于文物保护单位实施原址保护的，文物保护措施审批不再作为建设项目核准的前置条件，只需在项目开工前完成，与项目核准并联办理，进一步优化了审批流程，审批效率也会有所提高。但是，由于文物是不可再生的重要文化资源，为了防止一些工程建设单位规避法律监管，这次修改仍然保留了文物行政部门的审批权，更重要的是增加了文物保护措施未经批准的不得开工建设的禁止性条款，有效弥补了由前置审批改为并联审批可能产生的监管问题，对于加强文物保护是有利的，很好地体现了"放管服"改革的原则。

（2）修改取消国有文物收藏单位之间因举办展览、科学研究借用馆藏一级文物的审批，相关国有文物收藏单位之间借用一级文物，可以通过签署协议书或承诺书，明确双方责任。文物行政部门通过加强备案、日常监督检查或者博物馆年度报告等方式进行监管。同时，取消审批也能切实保障博物馆法人自治权，促进博物馆发展，一方面，可以释放国有博物馆借展、联展的活力，可以更从容地策划大型精品展览，让更多珍贵文物走出库房、进入展厅，更好地满足人民群众对美好生活的期待。另一方面，从某种程度上意味着博物馆自身的责任更大，相应规章制度必须跟上，有助于促进博物馆提升管理运行水平。取消审批对于国有博物馆科研工作也有促进，其可以根据需要更多地与高等院校、科研机构等单位开展合作，加大对馆藏珍贵文物价值的研究阐释。

（3）修改《中华人民共和国文物保护法》后，博物馆将承担更多责任。取消文物商店销售文物的售前审批是这次《中华人民共和国文物保护法》修改的重要内容，对于文物商店管理工作将产生深远影响。这次修改不是简单一放了之，而是做了精心的制度设计，从设立负面清单、建立新的管理制度、增加处罚规定等方面进行了全面规范。一是申明文物商店禁止销售文物的范围，实际上给文物商店经营划定了不能逾越的红线。二是要求建立文物购销信息与信用管理系统，文物商店通过该系统录入购销文物的信息，便于文物行政部门及时掌握情况，对其中可能存在的国家禁止销售文物进行监控；文物行政部门通过"双随机、一公开"等方式进行监督检查，查处文物商店违法经营行为，将违法失信信息记入文物商店的信用记录，向社会公开，今后还将与国家征信系统进行衔接。三是对文物商店向省级文物行政部门备案文物购销的记录，提出了明确时限，这也是强制性的规定。四是在《中华人民共和国文物保护法》第七十一条增加一款，专门规定对文物商店销售国家禁止买卖文物行为的处罚，文物行政部门不仅可以没收违法所得，没收非法经营的文物，对于情节严重的还可以吊销文物商店的许可证书。此外，文物拍卖企业作为文物流通领域的重要经营主体，这次修改也一并进行了规范。

10.8 《中华人民共和国水土保持法》（2010修正）解读

《中华人民共和国水土保持法》已由中华人民共和国第十一届全国人民代表大会常务委员会第十八次会议于2010年12月25日修订通过，自2011年3月1日起施行。

《中华人民共和国水土保持法》（2010修正）（以下简称新《水保法》）正式颁布实施，与《中华人民共和国水土保持法》（1991年通过）（以下简称《水保法》）相比，新《水保法》

有六大亮点。

(1) 地方政府主体责任再强化。

新《水保法》第四条规定，县级以上人民政府应当加强对水土保持工作的统一领导，将水土保持工作纳入本级国民经济和社会发展规划，对水土保持规划确定的任务，安排专项资金，并组织实施。

与《水保法》相比，新《水保法》对地方政府防治水土流失的职责规定更加清晰，任务措施更加明确，各项要求更加具体，充分体现了国家对水土保持工作的高度重视。

新《水保法》进一步强化了政府水土保持责任。规定县级以上人民政府应当加强对水土保持工作的统一领导，将水土保持工作纳入本级国民经济和社会发展规划和年度计划，安排专项资金，并组织实施；在水土流失重点预防区和重点治理区，实行地方政府水土保持目标责任制和考核奖惩制度。同时，新《水保法》还对充分发挥政府主导作用，组织发动单位和个人开展水土流失预防和治理提出了明确要求，并明确规定"县级以上人民政府林业、农业、国土资源等有关部门按照各自职责，做好有关的水土流失预防和治理工作"。

(2) 新增"规划"专章更科学。

新《水保法》第十三条规定：水土保持规划包括对流域或者区域预防和治理水土流失、保护和合理利用水土资源做出的整体部署，以及根据整体部署对水土保持专项工作或者特定区域预防和治理水土流失做出的专项部署。

水土保持规划应当与土地利用总体规划、水资源规划、城乡规划和环境保护规划等相协调。

《水保法》仅规定了规划的编制主体和批准机关，过于简单和笼统，操作性不强。新法增加了"规划"专章，对水土保持规划的种类、编制依据与主体、编制程序与内容、编制要求与组织实施做了全面规定，进一步确立了规划的法律地位。

新《水保法》进一步明确了水土保持规划是国民经济和社会发展规划的重要组成部分，是依法加强水土保持管理的重要依据，是指导水土保持工作的纲领性文件。水土保持规划一经批准，必须严格执行，从法律上增强了水土保持规划的约束力。特别需要注意的是，新《水保法》要求在基础设施建设、矿产资源开发、城镇建设等相关规划中提出水土保持对策措施并征求水行政主管部门的意见，这在法律上确定了水土保持在各项建设规划中的重要地位，同时也相应赋予了各级水行政主管部门一定的管理职责。此外，新《水保法》还规定，各级水行政主管部门要按照统筹协调、分类指导的原则，科学编制好规划，规划编制中要征求专家和公众的意见，充分体现民意，保护群众利益。

(3) 预防为主，保护优先。

新《水保法》第十六条规定：地方各级人民政府应当按照水土保持规划，采取封育保护、自然修复等措施，组织单位和个人植树种草，扩大林草覆盖面积，涵养水源，预防和减轻水土流失。

水土保持工作方针有四层含义："预防为主、保护优先"为第一个层次，体现了预防保护的地位和作用；"全面规划、综合治理"为第二个层次，体现了水土保持工作的全局性、综合性、长期性和重要性；"因地制宜、突出重点"为第三个层次，体现了水土保持措施要因地制宜，防治工作要突出重点；"科学管理、注重效益"为第四个层次，体现了对水土保持管理手段和水土保持工作效果的要求。

新《水保法》还增加了对一些容易导致水土流失、破坏生态环境的行为予以禁止或者限制的规定：一是严格禁止毁林毁草活动以及在崩塌、滑坡危险区和泥石流易发区进行可能造成人为水土流失的取土、挖砂、采石等活动；二是在水土流失严重、生态脆弱地区，限制或禁止可能造成水土流失的生产建设活动；三是对开办可能造成水土流失的生产建设项目，要求选址、选线避开水土流失重点预防区和重点治理区，无法避开的，应提高防治标准，优化施工工艺。上述规定，对预防人为水土流失、有效保护生态环境至关重要。

（4）水土保持方案编制需前置。

新《水保法》第二十五条规定：在山区、丘陵区、风沙区以及水土保持规划确定的容易发生水土流失的其他区域开办可能造成水土流失的生产建设项目，生产建设单位应当编制水土保持方案，报县级以上人民政府水行政主管部门审批，并按照经批准的水土保持方案，采取水土流失预防和治理措施。没有能力编制水土保持方案的，应当委托具备相应技术条件的机构编制。

新《水保法》进一步完善了生产建设项目水土保持方案制度，明确了水土保持方案编制机构应具备的资质，进一步确立了水土保持方案在生产建设项目审批立项和开工建设中的前置地位。

新《水保法》明确了生产建设项目水土保持方案审批是水行政主管部门的一项独立行政许可事项，进一步确立了水行政主管部门水土保持方案管理职能，实现了权责统一；合理界定了水土保持方案编报的范围和对象。水土保持方案编报范围由原法规定的"三区"修改为"四区"（山区、丘陵区、风沙区、其他区），这是因为水土保持规划确定的容易发生水土流失的其他区域（如平原区的河道周围）开办生产建设项目或者从事其他生产建设活动也存在水土流失问题。水土保持方案编报对象由"五类工程"修改为"可能造成水土流失的生产建设项目"，不至于使部分生产建设项目置于法律约束范围之外；加强了对水土保持方案变更的管理，强化了水土保持"三同时"制度。对不编报水土保持方案或水土保持方案未经水行政主管部门审批的生产建设项目不准开工建设；对未经验收或验收不合格的水土保持设施不准投产使用。从以上规定可以看出，新《水保法》强化了水土保持方案的法律地位。

（5）谁开发、谁治理、谁补偿。

新《水保法》第三十一条规定：国家加强江河源头区、饮用水水源保护区和水源涵养区水土流失的预防和治理工作，多渠道筹集资金，将水土保持生态效益补偿纳入国家建立的生态效益补偿制度。

新《水保法》全面总结多年来全国各地探索实践水土保持补偿制度的成功经验，根据中央关于建立完善水土保持补偿制度的要求，首次将水土保持补偿定位为功能补偿，从法律层面建立了水土保持补偿制度。

新《水保法》明确规定在山区、丘陵区、风沙区以及水土保持规划确定的容易发生水土流失的其他区域开办生产建设项目或者从事其他生产建设活动，损坏水土保持设施、地貌植被，不能恢复原有水土保持功能的，应当缴纳水土保持补偿费，充分体现了"谁开发、谁治理、谁补偿"的原则。同时明确规定水土保持补偿费专项用于水土流失预防与治理，专项水土流失预防与治理由水行政主管部门组织实施。各地应按照新《水保法》，着手制定当地的水土保持补偿政策,如可从已经发挥效益的大中型水利水电工程收益中,从城镇土地出让金和矿产资源开发收益中提取一定比例资金,用于当地水土流失的防治。实行水土保持补偿制度,有效运用经济手段,可有效约束破坏水土资源和生态环境的行为,最大限度地保护水土保持设施、天然植被和原地貌,减轻因水土流失所造成的危害。

(6)罚款最高限提升50倍。

新《水保法》第五十四条规定:违反本法规定,水土保持设施未经验收或者验收不合格将生产建设项目投产使用的,由县级以上人民政府水行政主管部门责令停止生产或者使用,直至验收合格,并处5万元以上50万元以下的罚款。

新《水保法》强化了违法行为的法律责任。一是增加了法律责任的种类。从行政、刑事、民事三方面对多种违法行为设置了法律责任,增加了滞纳金制度、行政代履行制度、查扣违法机械设备制度,强化了对单位(法人)、直接负责的主管人员和其他直接责任人员的违法责任追究制度。二是加大了对各种违法行为的处罚力度。大幅度提高了罚款标准,加重了违法成本,最高罚款限额由原法的1万元提高到50万元,乱倒弃土弃渣每立方米处以10元以上20元以下罚款。三是增强了执法的可操作性。原《水保法》规定罚款、责令停业等处罚措施由县人民政府水行政主管部门报请县级人民政府决定,中央或省级人民政府直接管辖的企事业单位的停业治理须报请国务院或省级人民政府批准,新《水保法》规定上述处罚措施可由水行政主管部门直接实施,不需报批,提高了效率。

 附 录

附录1 《企业投资项目核准和备案管理条例》

中华人民共和国国务院令

第 673 号

《企业投资项目核准和备案管理条例》已经 2016 年 10 月 8 日国务院第 149 次常务会议通过，现予公布，自 2017 年 2 月 1 日起施行。

总　理　李克强
2016 年 11 月 30 日

企业投资项目核准和备案管理条例

第一条　为了规范政府对企业投资项目的核准和备案行为，加快转变政府的投资管理职能，落实企业投资自主权，制定本条例。

第二条　本条例所称企业投资项目（以下简称项目），是指企业在中国境内投资建设的固定资产投资项目。

第三条　对关系国家安全、涉及全国重大生产力布局、战略性资源开发和重大公共利益等项目，实行核准管理。具体项目范围以及核准机关、核准权限依照政府核准的投资项目目录执行。政府核准的投资项目目录由国务院投资主管部门会同国务院有关部门提出，报国务院批准后实施，并适时调整。国务院另有规定的，依照其规定。

对前款规定以外的项目，实行备案管理。除国务院另有规定的，实行备案管理的项目按照属地原则备案，备案机关及其权限由省、自治区、直辖市和计划单列市人民政府规定。

第四条　除涉及国家秘密的项目外，项目核准、备案通过国家建立的项目在线监管平台（以下简称在线平台）办理。

核准机关、备案机关以及其他有关部门统一使用在线平台生成的项目代码办理相关手续。国务院投资主管部门会同有关部门制定在线平台管理办法。

第五条　核准机关、备案机关应当通过在线平台列明与项目有关的产业政策，公开项目核准的办理流程、办理时限等，并为企业提供相关咨询服务。

第六条　企业办理项目核准手续，应当向核准机关提交项目申请书；由国务院核准的项目，向国务院投资主管部门提交项目申请书。项目申请书应当包括下列内容：

（一）企业基本情况；

（二）项目情况，包括项目名称、建设地点、建设规模、建设内容等；

（三）项目利用资源情况分析以及对生态环境的影响分析；

（四）项目对经济和社会的影响分析。

企业应当对项目申请书内容的真实性负责。

法律、行政法规规定办理相关手续作为项目核准前置条件的，企业应当提交已经办理相关手续的证明文件。

第七条 项目申请书由企业自主组织编制，任何单位和个人不得强制企业委托中介服务机构编制项目申请书。

核准机关应当制定并公布项目申请书示范文本，明确项目申请书编制要求。

第八条 由国务院有关部门核准的项目，企业可以通过项目所在地省、自治区、直辖市和计划单列市人民政府有关部门（以下称地方人民政府有关部门）转送项目申请书，地方人民政府有关部门应当自收到项目申请书之日起 5 个工作日内转送核准机关。

由国务院核准的项目，企业通过地方人民政府有关部门转送项目申请书的，地方人民政府有关部门应当在前款规定的期限内将项目申请书转送国务院投资主管部门，由国务院投资主管部门审核后报国务院核准。

第九条 核准机关应当从下列方面对项目进行审查：

（一）是否危害经济安全、社会安全、生态安全等国家安全；

（二）是否符合相关发展建设规划、技术标准和产业政策；

（三）是否合理开发并有效利用资源；

（四）是否对重大公共利益产生不利影响。

项目涉及有关部门或者项目所在地地方人民政府职责的，核准机关应当书面征求其意见，被征求意见单位应当及时书面回复。

核准机关委托中介服务机构对项目进行评估的，应当明确评估重点；除项目情况复杂的，评估时限不得超过 30 个工作日。评估费用由核准机关承担。

第十条 核准机关应当自受理申请之日起 20 个工作日内，作出是否予以核准的决定；项目情况复杂或者需要征求有关单位意见的，经本机关主要负责人批准，可以延长核准期限，但延长的期限不得超过 40 个工作日。核准机关委托中介服务机构对项目进行评估的，评估时间不计入核准期限。

核准机关对项目予以核准的，应当向企业出具核准文件；不予核准的，应当书面通知企业并说明理由。由国务院核准的项目，由国务院投资主管部门根据国务院的决定向企业出具核准文件或者不予核准的书面通知。

第十一条 企业拟变更已核准项目的建设地点，或者拟对建设规模、建设内容等作较大变更的，应当向核准机关提出变更申请。核准机关应当自受理申请之日起 20 个工作日内，作出是否同意变更的书面决定。

第十二条 项目自核准机关作出予以核准决定或者同意变更决定之日起 2 年内未开工建设，需要延期开工建设的，企业应当在 2 年期限届满的 30 个工作日前，向核准机关申请延期开工建设。核准机关应当自受理申请之日起 20 个工作日内，作出是否同意延期开工建设的决定。开工建设只能延期一次，期限最长不得超过 1 年。国家对项目延期开工建设另有规定的，依照其规定。

第十三条 实行备案管理的项目，企业应当在开工建设前通过在线平台将下列信息告知备案机关：

（一）企业基本情况；

（二）项目名称、建设地点、建设规模、建设内容；

（三）项目总投资额；

（四）项目符合产业政策的声明。

企业应当对备案项目信息的真实性负责。

备案机关收到本条第一款规定的全部信息即为备案；企业告知的信息不齐全的，备案机关应当指导企业补正。

企业需要备案证明的，可以要求备案机关出具或者通过在线平台自行打印。

第十四条 已备案项目信息发生较大变更的，企业应当及时告知备案机关。

第十五条 备案机关发现已备案项目属于产业政策禁止投资建设或者实行核准管理的，应当及时告知企业予以纠正或者依法办理核准手续，并通知有关部门。

第十六条 核准机关、备案机关以及依法对项目负有监督管理职责的其他有关部门应当加强事中事后监管，按照谁审批谁监管、谁主管谁监管的原则，落实监管责任，采取在线监测、现场核查等方式，加强对项目实施的监督检查。

企业应当通过在线平台如实报送项目开工建设、建设进度、竣工的基本信息。

第十七条 核准机关、备案机关以及依法对项目负有监督管理职责的其他有关部门应当建立项目信息共享机制，通过在线平台实现信息共享。

企业在项目核准、备案以及项目实施中的违法行为及其处理信息，通过国家社会信用信息平台向社会公示。

第十八条 实行核准管理的项目，企业未依照本条例规定办理核准手续开工建设或者未按照核准的建设地点、建设规模、建设内容等进行建设的，由核准机关责令停止建设或者责令停产，对企业处项目总投资额1‰以上5‰以下的罚款；对直接负责的主管人员和其他直接责任人员处2万元以上5万元以下的罚款，属于国家工作人员的，依法给予处分。

以欺骗、贿赂等不正当手段取得项目核准文件，尚未开工建设的，由核准机关撤销核准文件，处项目总投资额1‰以上5‰以下的罚款；已经开工建设的，依照前款规定予以处罚；构成犯罪的，依法追究刑事责任。

第十九条 实行备案管理的项目，企业未依照本条例规定将项目信息或者已备案项目的信息变更情况告知备案机关，或者向备案机关提供虚假信息的，由备案机关责令限期改正；逾期不改正的，处2万元以上5万元以下的罚款。

第二十条 企业投资建设产业政策禁止投资建设项目的，由县级以上人民政府投资主管部门责令停止建设或者责令停产并恢复原状，对企业处项目总投资额5‰以上10‰以下的罚款；对直接负责的主管人员和其他直接责任人员处5万元以上10万元以下的罚款，属于国家工作人员的，依法给予处分。法律、行政法规另有规定的，依照其规定。

第二十一条 核准机关、备案机关及其工作人员在项目核准、备案工作中玩忽职守、滥用职权、徇私舞弊的，对负有责任的领导人员和直接责任人员依法给予处分；构成犯罪的，依法追究刑事责任。

第二十二条 事业单位、社会团体等非企业组织在中国境内投资建设的固定资产投资项目适用本条例，但通过预算安排的固定资产投资项目除外。

第二十三条 国防科技工业企业在中国境内投资建设的固定资产投资项目核准和备案管理办法，由国务院国防科技工业管理部门根据本条例的原则另行制定。

第二十四条 本条例自2017年2月1日起施行。

附录2 《企业投资项目核准和备案管理办法》

中华人民共和国国家发展和改革委员会令

第 2 号

《企业投资项目核准和备案管理办法》已经国家发展和改革委员会主任办公会讨论通过，现予以发布，自 2017 年 4 月 8 日起施行。

主　任：何立峰

2017 年 3 月 8 日

企业投资项目核准和备案管理办法

第一章　总　　则

第一条　为落实企业投资自主权，规范政府对企业投资项目的核准和备案行为，实现便利、高效服务和有效管理，依法保护企业合法权益，依据《行政许可法》、《企业投资项目核准和备案管理条例》等有关法律法规，制定本办法。

第二条　本办法所称企业投资项目（以下简称项目），是指企业在中国境内投资建设的固定资产投资项目，包括企业使用自己筹措资金的项目，以及使用自己筹措的资金并申请使用政府投资补助或贷款贴息等的项目。

项目申请使用政府投资补助、贷款贴息的，应在履行核准或备案手续后，提出资金申请报告。

第三条　县级以上人民政府投资主管部门对投资项目履行综合管理职责。

县级以上人民政府其他部门依照法律、法规规定，按照本级政府规定职责分工，对投资项目履行相应管理职责。

第四条　根据项目不同情况，分别实行核准管理或备案管理。

对关系国家安全、涉及全国重大生产力布局、战略性资源开发和重大公共利益等项目，实行核准管理。其他项目实行备案管理。

第五条　实行核准管理的具体项目范围以及核准机关、核准权限，由国务院颁布的《政府核准的投资项目目录》（以下简称《核准目录》）确定。法律、行政法规和国务院对项目核准的范围、权限有专门规定的，从其规定。

《核准目录》由国务院投资主管部门会同有关部门研究提出，报国务院批准后实施，并根据情况适时调整。

未经国务院批准，各部门、各地区不得擅自调整《核准目录》确定的核准范围和权限。

第六条　除国务院另有规定外，实行备案管理的项目按照属地原则备案。

各省级政府负责制定本行政区域内的项目备案管理办法,明确备案机关及其权限。

第七条 依据本办法第五条第一款规定具有项目核准权限的行政机关统称项目核准机关。《核准目录》所称国务院投资主管部门是指国家发展和改革委员会;《核准目录》规定由省级政府、地方政府核准的项目,其具体项目核准机关由省级政府确定。

项目核准机关对项目进行的核准是行政许可事项,实施行政许可所需经费应当由本级财政予以保障。

依据国务院专门规定和省级政府规定具有项目备案权限的行政机关统称项目备案机关。

第八条 项目的市场前景、经济效益、资金来源和产品技术方案等,应当依法由企业自主决策、自担风险,项目核准、备案机关及其他行政机关不得非法干预企业的投资自主权。

第九条 项目核准、备案机关及其工作人员应当依法对项目进行核准或者备案,不得擅自增减审查条件,不得超出办理时限。

第十条 项目核准、备案机关应当遵循便民、高效原则,提高办事效率,提供优质服务。

项目核准、备案机关应当制定并公开服务指南,列明项目核准的申报材料及所需附件、受理方式、审查条件、办理流程、办理时限等;列明项目备案所需信息内容、办理流程等,提高工作透明度,为企业提供指导和服务。

第十一条 县级以上地方人民政府有关部门应当依照相关法律法规和本级政府有关规定,建立健全对项目核准、备案机关的监督制度,加强对项目核准、备案行为的监督检查。

各级政府及其有关部门应当依照相关法律法规及规定对企业从事固定资产投资活动实施监督管理。

任何单位和个人都有权对项目核准、备案、建设实施过程中的违法违规行为向有关部门检举。有关部门应当及时核实、处理。

第十二条 除涉及国家秘密的项目外,项目核准、备案通过全国投资项目在线审批监管平台(以下简称在线平台)实行网上受理、办理、监管和服务,实现核准、备案过程和结果的可查询、可监督。

第十三条 项目核准、备案机关以及其他有关部门统一使用在线平台生成的项目代码办理相关手续。

项目通过在线平台申报时,生成作为该项目整个建设周期身份标识的唯一项目代码。项目的审批信息、监管(处罚)信息,以及工程实施过程中的重要信息,统一汇集至项目代码,并与社会信用体系对接,作为后续监管的基础条件。

第十四条 项目核准、备案机关及有关部门应当通过在线平台公开与项目有关的发展规划、产业政策和准入标准,公开项目核准、备案等事项的办理条件、办理流程、办理时限等。

项目核准、备案机关应根据《政府信息公开条例》有关规定将核准、备案结果予以公开,不得违法违规公开重大工程的关键信息。

第十五条 企业投资建设固定资产投资项目,应当遵守国家法律法规,符合国民经济和社会发展总体规划、专项规划、区域规划、产业政策、市场准入标准、资源开发、能耗与环境管理等要求，依法履行项目核准或者备案及其他相关手续，并依法办理城乡规划、土地（海域）使用、环境保护、能源资源利用、安全生产等相关手续，如实提供相关材料，报告相关信息。

第十六条 对项目核准、备案机关实施的项目核准、备案行为，相关利害关系人有权依法申请行政复议或者提起行政诉讼。

第二章 项目核准的申请文件

第十七条 企业办理项目核准手续，应当按照国家有关要求编制项目申请报告，取得第二十二条规定依法应当附具的有关文件后，按照本办法第二十三条规定报送。

第十八条 组织编制和报送项目申请报告的项目单位，应当对项目申请报告以及依法应当附具文件的真实性、合法性和完整性负责。

第十九条 项目申请报告应当主要包括以下内容：
（一）项目单位情况；
（二）拟建项目情况，包括项目名称、建设地点、建设规模、建设内容等；
（三）项目资源利用情况分析以及对生态环境的影响分析；
（四）项目对经济和社会的影响分析。

第二十条 项目申请报告通用文本由国务院投资主管部门会同有关部门制定，主要行业的项目申请报告示范文本由相应的项目核准机关参照项目申请报告通用文本制定，明确编制内容、深度要求等。

第二十一条 项目申请报告可以由项目单位自行编写，也可以由项目单位自主委托具有相关经验和能力的工程咨询单位编写。任何单位和个人不得强制项目单位委托中介服务机构编制项目申请报告。

项目单位或者其委托的工程咨询单位应当按照项目申请报告通用文本和行业示范文本的要求编写项目申请报告。

工程咨询单位接受委托编制有关文件，应当做到依法、独立、客观、公正，对其编制的文件负责。

第二十二条 项目单位在报送项目申请报告时，应当根据国家法律法规的规定附具以下文件：
（一）城乡规划行政主管部门出具的选址意见书（仅指以划拨方式提供国有土地使用权的项目）；
（二）国土资源（海洋）行政主管部门出具的用地（用海）预审意见（国土资源主管部门明确可以不进行用地预审的情形除外）；
（三）法律、行政法规规定需要办理的其他相关手续。

第三章 项目核准的基本程序

第二十三条 地方企业投资建设应当分别由国务院投资主管部门、国务院行业管理部门核准的项目，可以分别通过项目所在地省级政府投资主管部门、行业管理部门向国务院投资主管部门、国务院行业管理部门转送项目申请报告。属于国务院投资主管部门核准权限的项目，项目所在地省级政府规定由省级政府行业管理部门转送的，可以由省级政府投资主管部门与其联合报送。

国务院有关部门所属单位、计划单列企业集团、中央管理企业投资建设应当由国务院有关部门核准的项目，直接向相应的项目核准机关报送项目申请报告，并附行业管理部门的意见。

企业投资建设应当由国务院核准的项目，按照本条第一、二款规定向国务院投资主管部门报送项目申请报告，由国务院投资主管部门审核后报国务院核准。新建运输机场项目由相关省级政府直接向国务院、中央军委报送项目申请报告。

第二十四条 企业投资建设应当由地方政府核准的项目，应当按照地方政府的有关规定，向相应的项目核准机关报送项目申请报告。

第二十五条 项目申报材料齐全、符合法定形式的，项目核准机关应当予以受理。

申报材料不齐全或者不符合法定形式的，项目核准机关应当在收到项目申报材料之日起5个工作日内一次告知项目单位补充相关文件，或对相关内容进行调整。逾期不告知的，自收到项目申报材料之日起即为受理。

项目核准机关受理或者不予受理申报材料，都应当出具加盖本机关专用印章并注明日期的书面凭证。对于受理的申报材料，书面凭证应注明项目代码，项目单位可以根据项目代码在线查询、监督核准过程和结果。

第二十六条 项目核准机关在正式受理项目申请报告后，需要评估的，应在4个工作日内按照有关规定委托具有相应资质的工程咨询机构进行评估。项目核准机关在委托评估时，应当根据项目具体情况，提出评估重点，明确评估时限。

工程咨询机构与编制项目申请报告的工程咨询机构为同一单位、存在控股、管理关系或者负责人为同一人的，该工程咨询机构不得承担该项目的评估工作。工程咨询机构与项目单位存在控股、管理关系或者负责人为同一人的，该工程咨询机构不得承担该项目单位的项目评估工作。

除项目情况复杂的，评估时限不得超过30个工作日。接受委托的工程咨询机构应当在项目核准机关规定的时间内提出评估报告，并对评估结论承担责任。项目情况复杂的，履行批准程序后，可以延长评估时限，但延长的期限不得超过60个工作日。

项目核准机关应当将项目评估报告与核准文件一并存档备查。

评估费用由委托评估的项目核准机关承担，评估机构及其工作人员不得收取项目单位的任何费用。

第二十七条 项目涉及有关行业管理部门或者项目所在地地方政府职责的，项目核准机关应当商请有关行业管理部门或地方人民政府在7个工作日内出具书面审查意见。有关行业管理部门或地方人民政府逾期没有反馈书面审查意见的，视为同意。

第二十八条 项目建设可能对公众利益构成重大影响的，项目核准机关在作出核准决定前，应当采取适当方式征求公众意见。

相关部门对直接涉及群众切身利益的用地（用海）、环境影响、移民安置、社会稳定风险等事项已经进行实质性审查并出具了相关审批文件的，项目核准机关可不再就相关内容重复征求公众意见。

对于特别重大的项目，可以实行专家评议制度。除项目情况特别复杂外，专家评议时限原则上不得超过30个工作日。

第二十九条　项目核准机关可以根据评估意见、部门意见和公众意见等，要求项目单位对相关内容进行调整，或者对有关情况和文件做进一步澄清、补充。

第三十条　项目违反相关法律法规，或者不符合发展规划、产业政策和市场准入标准要求的，项目核准机关可以不经过委托评估、征求意见等程序，直接作出不予核准的决定。

第三十一条　项目核准机关应当在正式受理申报材料后20个工作日内作出是否予以核准的决定，或向上级项目核准机关提出审核意见。项目情况复杂或者需要征求有关单位意见的，经本行政机关主要负责人批准，可以延长核准时限，但延长的时限不得超过40个工作日，并应当将延长期限的理由告知项目单位。

项目核准机关需要委托评估或进行专家评议的，所需时间不计算在前款规定的期限内。项目核准机关应当将咨询评估或专家评议所需时间书面告知项目单位。

第三十二条　项目符合核准条件的，项目核准机关应当对项目予以核准并向项目单位出具项目核准文件。项目不符合核准条件的，项目核准机关应当出具不予核准的书面通知，并说明不予核准的理由。

属于国务院核准权限的项目，由国务院投资主管部门根据国务院的决定向项目单位出具项目核准文件或者不予核准的书面通知。

项目核准机关出具项目核准文件或者不予核准的书面通知应当抄送同级行业管理、城乡规划、国土资源、水行政管理、环境保护、节能审查等相关部门和下级机关。

第三十三条　项目核准文件和不予核准书面通知的格式文本，由国务院投资主管部门制定。

第三十四条　项目核准机关应制定内部工作规则，不断优化工作流程，提高核准工作效率。

第四章　项目核准的审查及效力

第三十五条　项目核准机关应当从以下方面对项目进行审查：
（一）是否危害经济安全、社会安全、生态安全等国家安全；
（二）是否符合相关发展建设规划、产业政策和技术标准；
（三）是否合理开发并有效利用资源；
（四）是否对重大公共利益产生不利影响。

项目核准机关应当制定审查工作细则，明确审查具体内容、审查标准、审查要点、注意事项及不当行为需要承担的后果等。

第三十六条　除本办法第二十二条要求提供的项目申请报告附送文件之外，项目单位还应在开工前依法办理其他相关手续。

第三十七条　取得项目核准文件的项目，有下列情形之一的，项目单位应当及时以书面形式向原项目核准机关提出变更申请。原项目核准机关应当自受理申请之日起20个工作日内作出是否同意变更的书面决定：
（一）建设地点发生变更的；
（二）投资规模、建设规模、建设内容发生较大变化的；
（三）项目变更可能对经济、社会、环境等产生重大不利影响的；
（四）需要对项目核准文件所规定的内容进行调整的其他重大情形。

第三十八条 项目自核准机关出具项目核准文件或同意项目变更决定 2 年内未开工建设，需要延期开工建设的，项目单位应当在 2 年期限届满的 30 个工作日前，向项目核准机关申请延期开工建设。项目核准机关应当自受理申请之日起 20 个工作日内，作出是否同意延期开工建设的决定，并出具相应文件。开工建设只能延期一次，期限最长不得超过 1 年。国家对项目延期开工建设另有规定的，依照其规定。

在 2 年期限内未开工建设也未按照规定向项目核准机关申请延期的，项目核准文件或同意项目变更决定自动失效。

第五章 项目备案

第三十九条 实行备案管理的项目，项目单位应当在开工建设前通过在线平台将相关信息告知项目备案机关，依法履行投资项目信息告知义务，并遵循诚信和规范原则。

第四十条 项目备案机关应当制定项目备案基本信息格式文本，具体包括以下内容：
（一）项目单位基本情况；
（二）项目名称、建设地点、建设规模、建设内容；
（三）项目总投资额；
（四）项目符合产业政策声明。

项目单位应当对备案项目信息的真实性、合法性和完整性负责。

第四十一条 项目备案机关收到本办法第四十条规定的全部信息即为备案。项目备案信息不完整的，备案机关应当及时以适当方式提醒和指导项目单位补正。

项目备案机关发现项目属产业政策禁止投资建设或者依法应实行核准管理，以及不属于固定资产投资项目、依法应实施审批管理、不属于本备案机关权限等情形的，应当通过在线平台及时告知企业予以纠正或者依法申请办理相关手续。

第四十二条 项目备案相关信息通过在线平台在相关部门之间实现互通共享。

项目单位需要备案证明的，可以通过在线平台自行打印或者要求备案机关出具。

第四十三条 项目备案后，项目法人发生变化，项目建设地点、规模、内容发生重大变更，或者放弃项目建设的，项目单位应当通过在线平台及时告知项目备案机关，并修改相关信息。

第四十四条 实行备案管理的项目，项目单位在开工建设前还应当根据相关法律法规规定办理其他相关手续。

第六章 监督管理

第四十五条 上级项目核准、备案机关应当加强对下级项目核准、备案机关的指导和监督，及时纠正项目管理中存在的违法违规行为。

第四十六条 项目核准和备案机关、行业管理、城乡规划（建设）、国家安全、国土（海洋）资源、环境保护、节能审查、金融监管、安全生产监管、审计等部门，应当按照谁审批谁监管、谁主管谁监管的原则，采取在线监测、现场核查等方式，依法加强对项目的事中事后监管。

项目核准、备案机关应当根据法律法规和发展规划、产业政策、总量控制目标、技术政策、准入标准及相关环保要求等，对项目进行监管。

城乡规划、国土（海洋）资源、环境保护、节能审查、安全监管、建设、行业管理等部门，应当履行法律法规赋予的监管职责，在各自职责范围内对项目进行监管。

金融监管部门应当加强指导和监督，引导金融机构按照商业原则，依法独立审贷。

审计部门应当依法加强对国有企业投资项目、申请使用政府投资资金的项目以及其他公共工程项目的审计监督。

第四十七条 各级地方政府有关部门应按照相关法律法规及职责分工，加强对本行政区域内项目的监督检查，发现违法违规行为的，应当依法予以处理，并通过在线平台登记相关违法违规信息。

第四十八条 对不符合法定条件的项目予以核准，或者超越法定职权予以核准的，应依法予以撤销。

第四十九条 各级项目核准、备案机关的项目核准或备案信息，以及国土（海洋）资源、城乡规划、水行政管理、环境保护、节能审查、安全监管、建设、工商等部门的相关手续办理信息、审批结果信息、监管（处罚）信息，应当通过在线平台实现互通共享。

第五十条 项目单位应当通过在线平台如实报送项目开工建设、建设进度、竣工的基本信息。

项目开工前，项目单位应当登录在线平台报备项目开工基本信息。项目开工后，项目单位应当按年度在线报备项目建设动态进度基本信息。项目竣工验收后，项目单位应当在线报备项目竣工基本信息。

第五十一条 项目单位有下列行为之一的，相关信息列入项目异常信用记录，并纳入全国信用信息共享平台：

（一）应申请办理项目核准但未依法取得核准文件的；

（二）提供虚假项目核准或备案信息，或者未依法将项目信息告知备案机关，或者已备案项目信息变更未告知备案机关的；

（三）违反法律法规擅自开工建设的；

（四）不按照批准内容组织实施的；

（五）项目单位未按本办法第五十条规定报送项目开工建设、建设进度、竣工等基本信息，或者报送虚假信息的；

（六）其他违法违规行为。

第七章 法律责任

第五十二条 项目核准、备案机关有下列情形之一的，由其上级行政机关责令改正，对负有责任的领导人员和直接责任人员由有关单位和部门依纪依法给予处分：

（一）超越法定职权予以核准或备案的；

（二）对不符合法定条件的项目予以核准的；

（三）对符合法定条件的项目不予核准的；

（四）擅自增减核准审查条件的，或者以备案名义变相审批、核准的；

（五）不在法定期限内作出核准决定的；

（六）不依法履行监管职责或者监督不力，造成严重后果的。

第五十三条 项目核准、备案机关及其工作人员，以及其他相关部门及其工作人员，在项目核准、备案以及相关审批手续办理过程中玩忽职守、滥用职权、徇私舞弊、索贿受贿的，对负有责任的领导人员和直接责任人员依法给予处分；构成犯罪的，依法追究刑事责任。

第五十四条 项目核准、备案机关，以及国土（海洋）资源、城乡规划、水行政管理、环境保护、节能审查、安全监管、建设等部门违反相关法律法规规定，未依法履行监管职责的，对直接负责的主管人员和其他直接责任人员，依法给予处分；构成犯罪的，依法追究刑事责任。

项目所在地的地方政府有关部门不履行企业投资监管职责的，对直接负责的主管人员和其他直接责任人员，依法给予处分。

第五十五条 企业以分拆项目、隐瞒有关情况或者提供虚假申报材料等不正当手段申请核准、备案的，项目核准机关不予受理或者不予核准、备案，并给予警告。

第五十六条 实行核准管理的项目，企业未依法办理核准手续开工建设或者未按照核准的建设地点、建设规模、建设内容等进行建设的，由核准机关责令停止建设或者责令停产，对企业处项目总投资额1‰以上5‰以下的罚款；对直接负责的主管人员和其他直接责任人员处2万元以上5万元以下的罚款，属于国家工作人员的，依法给予处分。项目应视情况予以拆除或者补办相关手续。

以欺骗、贿赂等不正当手段取得项目核准文件，尚未开工建设的，由核准机关撤销核准文件，处项目总投资额1‰以上5‰以下的罚款；已经开工建设的，依照前款规定予以处罚；构成犯罪的，依法追究刑事责任。

第五十七条 实行备案管理的项目，企业未依法将项目信息或者已备案项目信息变更情况告知备案机关，或者向备案机关提供虚假信息的，由备案机关责令限期改正；逾期不改正的，处2万元以上5万元以下的罚款。

第五十八条 企业投资建设产业政策禁止投资建设项目的，由县级以上人民政府投资主管部门责令停止建设或者责令停产并恢复原状，对企业处项目总投资额5‰以上10‰以下的罚款；对直接负责的主管人员和其他直接责任人员处5万元以上10万元以下的罚款，属于国家工作人员的，依法给予处分。法律、行政法规另有规定的，依照其规定。

第五十九条 项目单位在项目建设过程中不遵守国土（海洋）资源、城乡规划、环境保护、节能、安全监管、建设等方面法律法规和有关审批文件要求的，相关部门应依法予以处理。

第六十条 承担项目申请报告编写、评估任务的工程咨询评估机构及其人员、参与专家评议的专家，在编制项目申请报告、受项目核准机关委托开展评估或者参与专家评议过程中，违反从业规定，造成重大损失和恶劣影响的，依法降低或撤销工程咨询单位资格，取消主要责任人员的相关职业资格。

第八章 附 则

第六十一条 本办法所称省级政府包括各省、自治区、直辖市及计划单列市人民政府和新疆生产建设兵团。

第六十二条 外商投资项目和境外投资项目的核准和备案管理办法另行制定。

第六十三条 省级政府和国务院行业管理部门，可以按照《企业投资项目核准和备案管理条例》和本办法的规定,制订具体实施办法。

第六十四条 事业单位、社会团体等非企业组织在中国境内利用自有资金、不申请政府投资建设的固定资产投资项目,按照企业投资项目进行管理。

个人投资建设项目参照本办法的相关规定执行。

第六十五条 本办法由国家发展和改革委员会负责解释。

第六十六条 本办法自2017年4月8日起施行。《政府核准投资项目管理办法》(国家发展改革委令第11号)同时废止。

附录3 《全国投资项目在线审批监管平台运行管理暂行办法》

2017年5月25日，国家发展和改革委员会、工业和信息化部、国土资源部、环境保护部、住房和城乡建设部、交通运输部、水利部、国家卫生和计划生育委员会、国家生产安全监督管理总局、国家统计局、中国地震局、中国气象局、国家国防科技工业局、国家烟草专卖局、国家海洋局、中国民用航空局、国家文物局、国家能源局令第3号发布，自2017年6月25日起施行。

全国投资项目在线审批监管平台运行管理暂行办法

第一章 总 则

第一条 为加强全国投资项目在线审批监管平台（以下简称"在线平台"）建设、应用和管理，确保在线平台逐步完善、稳定运行并发挥作用，根据有关法律法规和改革要求，结合工作实际，制定本办法。

第二条 在线平台是指依托互联网和国家电子政务外网（以下简称"政务外网"）建设的固定资产投资项目（以下简称"项目"）综合管理服务平台。

各级政府及其部门应当通过在线平台实现项目网上申报、并联审批、信息公开、协同监管，不断优化办事流程，提高服务水平，并加强事中事后监管，主动接受社会监督。

第三条 在线平台适用于各类项目建设实施全过程的审批、监管和服务，包括行政许可、政府内部审批、备案、评估评审、技术审查，项目实施情况监测，以及政策法规、规划咨询服务等。涉密项目及信息不得通过在线平台办理和传递。

第四条 各级在线平台由互联网门户网站和政务外网审批监管系统构成。互联网门户网站是项目单位和社会公众网上申报、查询办理情况的统一窗口，提供办事指南、中介服务、政策信息等服务指引；审批监管系统是联接各级政府部门相关信息系统开展并联审批、电子监察、项目监管、数据分析的工作平台。

利用大数据分析加强监测预测、风险预警，按照精细化管理要求，加强事中事后监管。充分利用平台痕迹管理功能，增强透明度，对各个环节做到可检查、可考核。

第二章 体系架构

第五条 在线平台由中央平台和地方平台组成。中央平台负责管理由国务院及其相关部门审批、核准和备案的项目（以下简称"中央项目"）。地方平台负责管理地方各级政府及其相关部门审批、核准和备案的项目（以下简称"地方项目"）。

第六条 在线平台工作体系由综合管理部门、应用管理部门、建设运维部门共同组成。

第七条 综合管理部门是指统筹协调推进在线平台建设、应用、规范运行的部门。负责研究制定相关管理制度、业务规则和标准规范并督促落实，开展绩效管理。

中央平台综合管理部门为国家发展改革委。履行地方平台综合管理职责的相关单位由地方政府指定。

第八条 应用管理部门是指履行各类项目审批和监管职能，并通过在线平台办理和归集信息的部门。负责制定相关内部工作规则，编制完善、及时公开办事指南，包括审批依据、审批内容、受理条件、办理流程、办理时限、收费标准、监管要求、联系方式等；及时共享相关事项办理信息；为企业提供相关咨询服务；建设完善本部门与审批监管相关的业务系统，指导协调本系统在线平台建设和运行工作；督促项目单位通过在线平台及时报送项目开工建设、建设进度、竣工等基本信息，支撑协同监管。

应用管理部门按照法律法规规定，负责办理本办法第三条所列事项。

第九条 建设运维部门是指在线平台建设、运行维护和数据管理的部门。负责建设与完善在线平台功能，满足业务需要；制定运行维护细则、安全保障方案和安全防护策略，确保在线平台安全稳定运行。

中央平台建设运维部门为国家信息中心。地方平台由地方政府指定相关单位负责。

第三章 项目代码

第十条 各类项目实行统一代码制度。项目代码是项目整个建设周期的唯一身份标识，一项一码。项目代码由在线平台生成，项目办理信息、监管（处罚）信息，以及工程实施过程中的重要信息，统一汇集至项目代码。

第十一条 编码规则由中央平台综合管理部门统一制定。项目应按照本办法第五条规定的隶属关系，分别由中央平台和地方平台赋码。

第十二条 项目已有非在线平台编码的，要按照在线平台统一规则赋予项目代码，并与原编码进行对应。

项目延期或调整的，项目代码保持不变；项目发生重大变化，需要重新审批、核准、备案的，应当重新赋码。

第十三条 应用管理部门要推行项目代码应用，审批文件、项目招标投标、信息公开等涉及使用项目名称时，应当同时标注项目代码。应用管理部门办理项目相关审批事项、下达资金等，要首先核验项目代码。

第四章 运行流程

第十四条 项目单位在线申报，获取项目代码；各应用管理部门依责办理，优化服务。各级在线平台要强化技术手段，支持有关业务实现全程网上办理。项目单位在审批事项办结后，要按要求及时报送项目实施情况。

（一）项目申报。项目单位根据本办法第五条的规定，通过相应的在线平台填报项目信息，获取项目代码。填报项目信息时，项目单位应当根据在线平台所公开的办事指南真实完整准确填报。在线平台应当根据办事指南和项目申报信息等，向项目单位告知应办事项，强化事前服务。项目单位凭项目代码根据平台所示的办事指南提交所需的申报材料。项目变更、中止，项目单位应当通过在线平台申请。

（二）项目受理。应用管理部门应当依据有关法律法规受理审批事项申请，接收申报材料应当核验项目代码，对未通过项目代码核验的，不得受理并告知项目单位。应用管理部门受理后，在线平台开始计时。

（三）项目办理。应用管理部门应当依据有关法律法规办理审批事项，通过在线平台及时交换审批事项的收件、受理、办理、办结等信息，并告知项目单位。

（四）事项办结。项目审批事项办结后，应用管理部门应当及时将办结意见及相关审批文件的文号、标题等相关信息交换至在线平台。

（五）项目实施情况监测。项目审批事项办结后，应用管理部门应定期监测项目实施情况，对于发现的问题要及时督促有关单位整改。

事前告知项目单位的应办事项全部办结后，由在线平台生成办结告知书并通知项目单位。

第十五条　在线平台根据应用管理部门相关事项办理时限要求，进行计时，并根据实际进度进行自动提示。不纳入审批事项办理时限的相关环节，在线平台根据应用管理部门提供的信息调整计时节点。

第十六条　应用管理部门在审批过程中需委托中介服务的，中介服务事项及其委托办理过程要纳入在线平台运行，接受监督。

第十七条　在线平台支持各级各部门纵横协同办理项目审批事项。涉及中央和地方需要交换的项目及审批事项信息，应当及时在中央平台和省级地方平台之间交换。

第十八条　项目审批信息、监管信息、处罚结果等要及时通过在线平台向社会公开。项目单位可凭项目代码查询项目办理过程及审批结果。

第十九条　全国信用信息共享平台、全国公共资源交易平台和招标投标公共服务平台、公共政务信息共享平台以及各级政府有关部门相关信息系统应当依据法律法规并按照权限与在线平台开展数据共享与交换。与统计部门的数据共享和交换，应当符合政府统计法律制度。

第五章　运行保障

第二十条　建设运维部门要建立健全配套的运行维护管理制度，设置专职岗位和人员安排在线平台升级改造及运维所需经费，并列入本级建设运维单位的部门财政预算，保障在线平台安全稳定运行。

第二十一条　各级在线平台要满足国家信息安全等级保护第三级的有关要求。建设运维部门要实时监控在线平台运行情况，严格实行安全防护策略，完善数据备份、恢复和容灾机制。

第二十二条　各级在线平台要按照在线平台统一制定的数据接口规范和数据交换频率进行对接和数据交换，当数据规范调整时，各级在线平台要按要求及时进行适应性调整。建设运维部门会同应用管理部门保证数据质量。

第六章　附　　则

第二十三条　本办法由国家发展改革委会同有关部门负责解释。

第二十四条　各部门、各地方应根据本办法制订完善本部门、本地区的具体运行管理办法及配套管理规则，共同加强管理，保证平稳运行。

第二十五条　本办法自 2017 年 6 月 25 日起施行。

附录4 《中华人民共和国城乡规划法》

2007年10月28日第十届全国人民代表大会常务委员会第三十次会议通过，根据2015年4月24日第十二届全国人民代表大会常务委员会第十四次会议《关于修改〈中华人民共和国港口法〉等七部法律的决定》第一次修正，根据2019年4月23日第十三届全国人民代表大会常务委员会第十次会议《关于修改〈中华人民共和国建筑法〉等八部法律的决定》第二次修正。

中华人民共和国城乡规划法

第一章 总 则

第一条 为了加强城乡规划管理，协调城乡空间布局，改善人居环境，促进城乡经济社会全面协调可持续发展，制定本法。

第二条 制定和实施城乡规划，在规划区内进行建设活动，必须遵守本法。

本法所称城乡规划，包括城镇体系规划、城市规划、镇规划、乡规划和村庄规划。城市规划、镇规划分为总体规划和详细规划。详细规划分为控制性详细规划和修建性详细规划。

本法所称规划区，是指城市、镇和村庄的建成区以及因城乡建设和发展需要，必须实行规划控制的区域。规划区的具体范围由有关人民政府在组织编制的城市总体规划、镇总体规划、乡规划和村庄规划中，根据城乡经济社会发展水平和统筹城乡发展的需要划定。

第三条 城市和镇应当依照本法制定城市规划和镇规划。城市、镇规划区内的建设活动应当符合规划要求。

县级以上地方人民政府根据本地农村经济社会发展水平，按照因地制宜、切实可行的原则，确定应当制定乡规划、村庄规划的区域。在确定区域内的乡、村庄，应当依照本法制定规划，规划区内的乡、村庄建设应当符合规划要求。

县级以上地方人民政府鼓励、指导前款规定以外的区域的乡、村庄制定和实施乡规划、村庄规划。

第四条 制定和实施城乡规划，应当遵循城乡统筹、合理布局、节约土地、集约发展和先规划后建设的原则，改善生态环境，促进资源、能源节约和综合利用，保护耕地等自然资源和历史文化遗产，保持地方特色、民族特色和传统风貌，防止污染和其他公害，并符合区域人口发展、国防建设、防灾减灾和公共卫生、公共安全的需要。

在规划区内进行建设活动，应当遵守土地管理、自然资源和环境保护等法律、法规的规定。

县级以上地方人民政府应当根据当地经济社会发展的实际，在城市总体规划、镇总体规划中合理确定城市、镇的发展规模、步骤和建设标准。

第五条 城市总体规划、镇总体规划以及乡规划和村庄规划的编制，应当依据国民经济和社会发展规划，并与土地利用总体规划相衔接。

第六条 各级人民政府应当将城乡规划的编制和管理经费纳入本级财政预算。

第七条 经依法批准的城乡规划，是城乡建设和规划管理的依据，未经法定程序不得修改。

第八条 城乡规划组织编制机关应当及时公布经依法批准的城乡规划。但是，法律、行政法规规定不得公开的内容除外。

第九条 任何单位和个人都应当遵守经依法批准并公布的城乡规划，服从规划管理，并有权就涉及其利害关系的建设活动是否符合规划的要求向城乡规划主管部门查询。

任何单位和个人都有权向城乡规划主管部门或者其他有关部门举报或者控告违反城乡规划的行为。城乡规划主管部门或者其他有关部门对举报或者控告，应当及时受理并组织核查、处理。

第十条 国家鼓励采用先进的科学技术，增强城乡规划的科学性，提高城乡规划实施及监督管理的效能。

第十一条 国务院城乡规划主管部门负责全国的城乡规划管理工作。

县级以上地方人民政府城乡规划主管部门负责本行政区域内的城乡规划管理工作。

第二章 城乡规划的制定

第十二条 国务院城乡规划主管部门会同国务院有关部门组织编制全国城镇体系规划，用于指导省域城镇体系规划、城市总体规划的编制。

全国城镇体系规划由国务院城乡规划主管部门报国务院审批。

第十三条 省、自治区人民政府组织编制省域城镇体系规划，报国务院审批。

省域城镇体系规划的内容应当包括：城镇空间布局和规模控制，重大基础设施的布局，为保护生态环境、资源等需要严格控制的区域。

第十四条 城市人民政府组织编制城市总体规划。

直辖市的城市总体规划由直辖市人民政府报国务院审批。省、自治区人民政府所在地的城市以及国务院确定的城市的总体规划，由省、自治区人民政府审查同意后，报国务院审批。其他城市的总体规划，由城市人民政府报省、自治区人民政府审批。

第十五条 县人民政府组织编制县人民政府所在地镇的总体规划，报上一级人民政府审批。其他镇的总体规划由镇人民政府组织编制，报上一级人民政府审批。

第十六条 省、自治区人民政府组织编制的省域城镇体系规划，城市、县人民政府组织编制的总体规划，在报上一级人民政府审批前，应当先经本级人民代表大会常务委员会审议，常务委员会组成人员的审议意见交由本级人民政府研究处理。

镇人民政府组织编制的镇总体规划，在报上一级人民政府审批前，应当先经镇人民代表大会审议，代表的审议意见交由本级人民政府研究处理。

规划的组织编制机关报送审批省域城镇体系规划、城市总体规划或者镇总体规划，应当将本级人民代表大会常务委员会组成人员或者镇人民代表大会代表的审议意见和根据审议意见修改规划的情况一并报送。

第十七条 城市总体规划、镇总体规划的内容应当包括：城市、镇的发展布局，功能分区、用地布局、综合交通体系、禁止、限制和适宜建设的地域范围，各类专项规划等。

规划区范围、规划区内建设用地规模、基础设施和公共服务设施用地、水源地和水系、基本农田和绿化用地、环境保护、自然与历史文化遗产保护以及防灾减灾等内容，应当作为城市总体规划、镇总体规划的强制性内容。

城市总体规划、镇总体规划的规划期限一般为二十年。城市总体规划还应当对城市更长远的发展作出预测性安排。

第十八条　乡规划、村庄规划应当从农村实际出发，尊重村民意愿，体现地方和农村特色。

乡规划、村庄规划的内容应当包括：规划区范围，住宅、道路、供水、排水、供电、垃圾收集、畜禽养殖场所等农村生产、生活服务设施、公益事业等各项建设的用地布局、建设要求，以及对耕地等自然资源和历史文化遗产保护、防灾减灾等的具体安排。乡规划还应当包括本行政区域内的村庄发展布局。

第十九条　城市人民政府城乡规划主管部门根据城市总体规划的要求，组织编制城市的控制性详细规划，经本级人民政府批准后，报本级人民代表大会常务委员会和上一级人民政府备案。

第二十条　镇人民政府根据镇总体规划的要求，组织编制镇的控制性详细规划，报上一级人民政府审批。县人民政府所在地镇的控制性详细规划，由县人民政府城乡规划主管部门根据镇总体规划的要求组织编制，经县人民政府批准后，报本级人民代表大会常务委员会和上一级人民政府备案。

第二十一条　城市、县人民政府城乡规划主管部门和镇人民政府可以组织编制重要地块的修建性详细规划。修建性详细规划应当符合控制性详细规划。

第二十二条　乡、镇人民政府组织编制乡规划、村庄规划，报上一级人民政府审批。村庄规划在报送审批前，应当经村民会议或者村民代表会议讨论同意。

第二十三条　首都的总体规划、详细规划应当统筹考虑中央国家机关用地布局和空间安排的需要。

第二十四条　城乡规划组织编制机关应当委托具有相应资质等级的单位承担城乡规划的具体编制工作。

从事城乡规划编制工作应当具备下列条件，并经国务院城乡规划主管部门或者省、自治区、直辖市人民政府城乡规划主管部门依法审查合格，取得相应等级的资质证书后，方可在资质等级许可的范围内从事城乡规划编制工作：

（一）有法人资格；
（二）有规定数量的经国务院城乡规划主管部门注册的规划师；
（三）有规定数量的相关专业技术人员；
（四）有相应的技术装备；
（五）有健全的技术、质量、财务管理制度。

规划师执业资格管理办法，由国务院城乡规划主管部门会同国务院人事行政部门制定。
编制城乡规划必须遵守国家有关标准。

第二十五条　编制城乡规划，应当具备国家规定的勘察、测绘、气象、地震、水文、环境等基础资料。

县级以上地方人民政府有关主管部门应当根据编制城乡规划的需要，及时提供有关基础资料。

第二十六条 城乡规划报送审批前,组织编制机关应当依法将城乡规划草案予以公告,并采取论证会、听证会或者其他方式征求专家和公众的意见。公告的时间不得少于三十日。

组织编制机关应当充分考虑专家和公众的意见,并在报送审批的材料中附具意见采纳情况及理由。

第二十七条 省域城镇体系规划、城市总体规划、镇总体规划批准前,审批机关应当组织专家和有关部门进行审查。

第三章 城乡规划的实施

第二十八条 地方各级人民政府应当根据当地经济社会发展水平,量力而行,尊重群众意愿,有计划、分步骤地组织实施城乡规划。

第二十九条 城市的建设和发展,应当优先安排基础设施以及公共服务设施的建设,妥善处理新区开发与旧区改建的关系,统筹兼顾进城务工人员生活和周边农村经济社会发展、村民生产与生活的需要。

镇的建设和发展,应当结合农村经济社会发展和产业结构调整,优先安排供水、排水、供电、供气、道路、通信、广播电视等基础设施和学校、卫生院、文化站、幼儿园、福利院等公共服务设施的建设,为周边农村提供服务。

乡、村庄的建设和发展,应当因地制宜、节约用地,发挥村民自治组织的作用,引导村民合理进行建设,改善农村生产、生活条件。

第三十条 城市新区的开发和建设,应当合理确定建设规模和时序,充分利用现有市政基础设施和公共服务设施,严格保护自然资源和生态环境,体现地方特色。

在城市总体规划、镇总体规划确定的建设用地范围以外,不得设立各类开发区和城市新区。

第三十一条 旧城区的改建,应当保护历史文化遗产和传统风貌,合理确定拆迁和建设规模,有计划地对危房集中、基础设施落后等地段进行改建。

历史文化名城、名镇、名村的保护以及受保护建筑物的维护和使用,应当遵守有关法律、行政法规和国务院的规定。

第三十二条 城乡建设和发展,应当依法保护和合理利用风景名胜资源,统筹安排风景名胜区及周边乡、镇、村庄的建设。

风景名胜区的规划、建设和管理,应当遵守有关法律、行政法规和国务院的规定。

第三十三条 城市地下空间的开发和利用,应当与经济和技术发展水平相适应,遵循统筹安排、综合开发、合理利用的原则,充分考虑防灾减灾、人民防空和通信等需要,并符合城市规划,履行规划审批手续。

第三十四条 城市、县、镇人民政府应当根据城市总体规划、镇总体规划、土地利用总体规划和年度计划以及国民经济和社会发展规划,制定近期建设规划,报总体规划审批机关备案。

近期建设规划应当以重要基础设施、公共服务设施和中低收入居民住房建设以及生态环境保护为重点内容,明确近期建设的时序、发展方向和空间布局。近期建设规划的规划期限为五年。

第三十五条 城乡规划确定的铁路、公路、港口、机场、道路、绿地、输配电设施及输电线路走廊、通信设施、广播电视设施、管道设施、河道、水库、水源地、自然保护区、防汛通道、消防通道、核电站、垃圾填埋场及焚烧厂、污水处理厂和公共服务设施的用地以及其他需要依法保护的用地，禁止擅自改变用途。

第三十六条 按照国家规定需要有关部门批准或者核准的建设项目，以划拨方式提供国有土地使用权的，建设单位在报送有关部门批准或者核准前，应当向城乡规划主管部门申请核发选址意见书。

前款规定以外的建设项目不需要申请选址意见书。

第三十七条 在城市、镇规划区内以划拨方式提供国有土地使用权的建设项目，经有关部门批准、核准、备案后，建设单位应当向城市、县人民政府城乡规划主管部门提出建设用地规划许可申请，由城市、县人民政府城乡规划主管部门依据控制性详细规划核定建设用地的位置、面积、允许建设的范围，核发建设用地规划许可证。

建设单位在取得建设用地规划许可证后，方可向县级以上地方人民政府土地主管部门申请用地，经县级以上人民政府审批后，由土地主管部门划拨土地。

第三十八条 在城市、镇规划区内以出让方式提供国有土地使用权的，在国有土地使用权出让前，城市、县人民政府城乡规划主管部门应当依据控制性详细规划，提出出让地块的位置、使用性质、开发强度等规划条件，作为国有土地使用权出让合同的组成部分。未确定规划条件的地块，不得出让国有土地使用权。

以出让方式取得国有土地使用权的建设项目，在签订国有土地使用权出让合同后，建设单位应当持建设项目的批准、核准、备案文件和国有土地使用权出让合同，向城市、县人民政府城乡规划主管部门领取建设用地规划许可证。

城市、县人民政府城乡规划主管部门不得在建设用地规划许可证中，擅自改变作为国有土地使用权出让合同组成部分的规划条件。

第三十九条 规划条件未纳入国有土地使用权出让合同的，该国有土地使用权出让合同无效；对未取得建设用地规划许可证的建设单位批准用地的，由县级以上人民政府撤销有关批准文件；占用土地的，应当及时退回；给当事人造成损失的，应当依法给予赔偿。

第四十条 在城市、镇规划区内进行建筑物、构筑物、道路、管线和其他工程建设的，建设单位或者个人应当向城市、县人民政府城乡规划主管部门或者省、自治区、直辖市人民政府确定的镇人民政府申请办理建设工程规划许可证。

申请办理建设工程规划许可证，应当提交使用土地的有关证明文件、建设工程设计方案等材料。需要建设单位编制修建性详细规划的建设项目，还应当提交修建性详细规划。对符合控制性详细规划和规划条件的，由城市、县人民政府城乡规划主管部门或者省、自治区、直辖市人民政府确定的镇人民政府核发建设工程规划许可证。

城市、县人民政府城乡规划主管部门或者省、自治区、直辖市人民政府确定的镇人民政府应当依法将经审定的修建性详细规划、建设工程设计方案的总平面图予以公布。

第四十一条 在乡、村庄规划区内进行乡镇企业、乡村公共设施和公益事业建设的，建设单位或者个人应当向乡、镇人民政府提出申请，由乡、镇人民政府报城市、县人民政府城乡规划主管部门核发乡村建设规划许可证。

在乡、村庄规划区内使用原有宅基地进行农村村民住宅建设的规划管理办法，由省、自治区、直辖市制定。

在乡、村庄规划区内进行乡镇企业、乡村公共设施和公益事业建设以及农村村民住宅建设，不得占用农用地；确需占用农用地的，应当依照《中华人民共和国土地管理法》有关规定办理农用地转用审批手续后，由城市、县人民政府城乡规划主管部门核发乡村建设规划许可证。

建设单位或者个人在取得乡村建设规划许可证后，方可办理用地审批手续。

第四十二条 城乡规划主管部门不得在城乡规划确定的建设用地范围以外作出规划许可。

第四十三条 建设单位应当按照规划条件进行建设；确需变更的，必须向城市、县人民政府城乡规划主管部门提出申请。变更内容不符合控制性详细规划的，城乡规划主管部门不得批准。城市、县人民政府城乡规划主管部门应当及时将依法变更后的规划条件通报同级土地主管部门并公示。

建设单位应当及时将依法变更后的规划条件报有关人民政府土地主管部门备案。

第四十四条 在城市、镇规划区内进行临时建设的，应当经城市、县人民政府城乡规划主管部门批准。临时建设影响近期建设规划或者控制性详细规划的实施以及交通、市容、安全等的，不得批准。

临时建设应当在批准的使用期限内自行拆除。

临时建设和临时用地规划管理的具体办法，由省、自治区、直辖市人民政府制定。

第四十五条 县级以上地方人民政府城乡规划主管部门按照国务院规定对建设工程是否符合规划条件予以核实。未经核实或者经核实不符合规划条件的，建设单位不得组织竣工验收。

建设单位应当在竣工验收后六个月内向城乡规划主管部门报送有关竣工验收资料。

第四章 城乡规划的修改

第四十六条 省域城镇体系规划、城市总体规划、镇总体规划的组织编制机关，应当组织有关部门和专家定期对规划实施情况进行评估，并采取论证会、听证会或者其他方式征求公众意见。组织编制机关应当向本级人民代表大会常务委员会、镇人民代表大会和原审批机关提出评估报告并附具征求意见的情况。

第四十七条 有下列情形之一的，组织编制机关方可按照规定的权限和程序修改省域城镇体系规划、城市总体规划、镇总体规划：

（一）上级人民政府制定的城乡规划发生变更，提出修改规划要求的；

（二）行政区划调整确需修改规划的；

（三）因国务院批准重大建设工程确需修改规划的；

（四）经评估确需修改规划的；

（五）城乡规划的审批机关认为应当修改规划的其他情形。

修改省域城镇体系规划、城市总体规划、镇总体规划前，组织编制机关应当对原规划的实施情况进行总结，并向原审批机关报告；修改涉及城市总体规划、镇总体规划强制性内容的，应当先向原审批机关提出专题报告，经同意后，方可编制修改方案。

修改后的省域城镇体系规划、城市总体规划、镇总体规划，应当依照本法第十三条、第十四条、第十五条和第十六条规定的审批程序报批。

第四十八条 修改控制性详细规划的，组织编制机关应当对修改的必要性进行论证，征求规划地段内利害关系人的意见，并向原审批机关提出专题报告，经原审批机关同意后，方可编制修改方案。修改后的控制性详细规划，应当依照本法第十九条、第二十条规定的审批程序报批。控制性详细规划修改涉及城市总体规划、镇总体规划的强制性内容的，应当先修改总体规划。

修改乡规划、村庄规划的，应当依照本法第二十二条规定的审批程序报批。

第四十九条 城市、县、镇人民政府修改近期建设规划的，应当将修改后的近期建设规划报总体规划审批机关备案。

第五十条 在选址意见书、建设用地规划许可证、建设工程规划许可证或者乡村建设规划许可证发放后，因依法修改城乡规划给被许可人合法权益造成损失的，应当依法给予补偿。

经依法审定的修建性详细规划、建设工程设计方案的总平面图不得随意修改；确需修改的，城乡规划主管部门应当采取听证会等形式，听取利害关系人的意见；因修改给利害关系人合法权益造成损失的，应当依法给予补偿。

第五章 监督检查

第五十一条 县级以上人民政府及其城乡规划主管部门应当加强对城乡规划编制、审批、实施、修改的监督检查。

第五十二条 地方各级人民政府应当向本级人民代表大会常务委员会或者乡、镇人民代表大会报告城乡规划的实施情况，并接受监督。

第五十三条 县级以上人民政府城乡规划主管部门对城乡规划的实施情况进行监督检查，有权采取以下措施：

（一）要求有关单位和人员提供与监督事项有关的文件、资料，并进行复制；

（二）要求有关单位和人员就监督事项涉及的问题作出解释和说明，并根据需要进入现场进行勘测；

（三）责令有关单位和人员停止违反有关城乡规划的法律、法规的行为。

城乡规划主管部门的工作人员履行前款规定的监督检查职责，应当出示执法证件。被监督检查的单位和人员应当予以配合，不得妨碍和阻挠依法进行的监督检查活动。

第五十四条 监督检查情况和处理结果应当依法公开，供公众查阅和监督。

第五十五条 城乡规划主管部门在查处违反本法规定的行为时，发现国家机关工作人员依法应当给予行政处分的，应当向其任免机关或者监察机关提出处分建议。

第五十六条 依照本法规定应当给予行政处罚，而有关城乡规划主管部门不给予行政处罚的，上级人民政府城乡规划主管部门有权责令其作出行政处罚决定或者建议有关人民政府责令其给予行政处罚。

第五十七条 城乡规划主管部门违反本法规定作出行政许可的，上级人民政府城乡规划主管部门有权责令其撤销或者直接撤销该行政许可。因撤销行政许可给当事人合法权益造成损失的，应当依法给予赔偿。

第六章　法律责任

第五十八条 对依法应当编制城乡规划而未组织编制，或者未按法定程序编制、审批、修改城乡规划的，由上级人民政府责令改正，通报批评；对有关人民政府负责人和其他直接责任人员依法给予处分。

第五十九条 城乡规划组织编制机关委托不具有相应资质等级的单位编制城乡规划的，由上级人民政府责令改正，通报批评；对有关人民政府负责人和其他直接责任人员依法给予处分。

第六十条 镇人民政府或者县级以上人民政府城乡规划主管部门有下列行为之一的，由本级人民政府、上级人民政府城乡规划主管部门或者监察机关依据职权责令改正，通报批评；对直接负责的主管人员和其他直接责任人员依法给予处分：

（一）未依法组织编制城市的控制性详细规划、县人民政府所在地镇的控制性详细规划的；

（二）超越职权或者对不符合法定条件的申请人核发选址意见书、建设用地规划许可证、建设工程规划许可证、乡村建设规划许可证的；

（三）对符合法定条件的申请人未在法定期限内核发选址意见书、建设用地规划许可证、建设工程规划许可证、乡村建设规划许可证的；

（四）未依法对经审定的修建性详细规划、建设工程设计方案的总平面图予以公布的；

（五）同意修改修建性详细规划、建设工程设计方案的总平面图前未采取听证会等形式听取利害关系人的意见的；

（六）发现未依法取得规划许可或者违反规划许可的规定在规划区内进行建设的行为，而不予查处或者接到举报后不依法处理的。

第六十一条 县级以上人民政府有关部门有下列行为之一的，由本级人民政府或者上级人民政府有关部门责令改正，通报批评；对直接负责的主管人员和其他直接责任人员依法给予处分：

（一）对未依法取得选址意见书的建设项目核发建设项目批准文件的；

（二）未依法在国有土地使用权出让合同中确定规划条件或者改变国有土地使用权出让合同中依法确定的规划条件的；

（三）对未依法取得建设用地规划许可证的建设单位划拨国有土地使用权的。

第六十二条 城乡规划编制单位有下列行为之一的，由所在地城市、县人民政府城乡规划主管部门责令限期改正，处合同约定的规划编制费一倍以上二倍以下的罚款；情节严重的，责令停业整顿，由原发证机关降低资质等级或者吊销资质证书；造成损失的，依法承担赔偿责任：

（一）超越资质等级许可的范围承揽城乡规划编制工作的；

（二）违反国家有关标准编制城乡规划的。

未依法取得资质证书承揽城乡规划编制工作的，由县级以上地方人民政府城乡规划主管部门责令停止违法行为，依照前款规定处以罚款；造成损失的，依法承担赔偿责任。

以欺骗手段取得资质证书承揽城乡规划编制工作的，由原发证机关吊销资质证书，依照本条第一款规定处以罚款；造成损失的，依法承担赔偿责任。

第六十三条 城乡规划编制单位取得资质证书后，不再符合相应的资质条件的，由原发证机关责令限期改正；逾期不改正的，降低资质等级或者吊销资质证书。

第六十四条 未取得建设工程规划许可证或者未按照建设工程规划许可证的规定进行建设的，由县级以上地方人民政府城乡规划主管部门责令停止建设；尚可采取改正措施消除对规划实施的影响的，限期改正，处建设工程造价百分之五以上百分之十以下的罚款；无法采取改正措施消除影响的，限期拆除，不能拆除的，没收实物或者违法收入，可以并处建设工程造价百分之十以下的罚款。

第六十五条 在乡、村庄规划区内未依法取得乡村建设规划许可证或者未按照乡村建设规划许可证的规定进行建设的，由乡、镇人民政府责令停止建设、限期改正；逾期不改正的，可以拆除。

第六十六条 建设单位或者个人有下列行为之一的，由所在地城市、县人民政府城乡规划主管部门责令限期拆除，可以并处临时建设工程造价一倍以下的罚款：

（一）未经批准进行临时建设的；

（二）未按照批准内容进行临时建设的；

（三）临时建筑物、构筑物超过批准期限不拆除的。

第六十七条 建设单位未在建设工程竣工验收后六个月内向城乡规划主管部门报送有关竣工验收资料的，由所在地城市、县人民政府城乡规划主管部门责令限期补报；逾期不补报的，处一万元以上五万元以下的罚款。

第六十八条 城乡规划主管部门作出责令停止建设或者限期拆除的决定后，当事人不停止建设或者逾期不拆除的，建设工程所在地县级以上地方人民政府可以责成有关部门采取查封施工现场、强制拆除等措施。

第六十九条 违反本法规定，构成犯罪的，依法追究刑事责任。

第七章　附　　则

第七十条 本法自 2008 年 1 月 1 日起施行。《中华人民共和国城市规划法》同时废止。

附录5 《中华人民共和国土地管理法》

1986年6月25日第六届全国人民代表大会常务委员会第十六次会议通过，根据1988年12月29日第七届全国人民代表大会常务委员会第五次会议《关于修改〈中华人民共和国土地管理法〉的决定》第一次修正，1998年8月29日第九届全国人民代表大会常务委员会第四次会议修订，根据2004年8月28日第十届全国人民代表大会常务委员会第十一次会议《关于修改〈中华人民共和国土地管理法〉的决定》第二次修正，根据2019年8月26日第十三届全国人民代表大会常务委员会第十二次会议《关于修改〈中华人民共和国土地管理法〉、〈中华人民共和国城市房地产管理法〉的决定》第三次修正。

中华人民共和国土地管理法

第一章 总 则

第一条 为了加强土地管理，维护土地的社会主义公有制，保护、开发土地资源，合理利用土地，切实保护耕地，促进社会经济的可持续发展，根据宪法，制定本法。

第二条 中华人民共和国实行土地的社会主义公有制，即全民所有制和劳动群众集体所有制。

全民所有，即国家所有土地的所有权由国务院代表国家行使。

任何单位和个人不得侵占、买卖或者以其他形式非法转让土地。土地使用权可以依法转让。

国家为了公共利益的需要，可以依法对土地实行征收或者征用并给予补偿。

国家依法实行国有土地有偿使用制度。但是，国家在法律规定的范围内划拨国有土地使用权的除外。

第三条 十分珍惜、合理利用土地和切实保护耕地是我国的基本国策。各级人民政府应当采取措施，全面规划，严格管理，保护、开发土地资源，制止非法占用土地的行为。

第四条 国家实行土地用途管制制度。

国家编制土地利用总体规划，规定土地用途，将土地分为农用地、建设用地和未利用地。严格限制农用地转为建设用地，控制建设用地总量，对耕地实行特殊保护。

前款所称农用地是指直接用于农业生产的土地，包括耕地、林地、草地、农田水利用地、养殖水面等；建设用地是指建造建筑物、构筑物的土地，包括城乡住宅和公共设施用地、工矿用地、交通水利设施用地、旅游用地、军事设施用地等；未利用地是指农用地和建设用地以外的土地。

使用土地的单位和个人必须严格按照土地利用总体规划确定的用途使用土地。

第五条 国务院自然资源主管部门统一负责全国土地的管理和监督工作。

县级以上地方人民政府自然资源主管部门的设置及其职责，由省、自治区、直辖市人民政府根据国务院有关规定确定。

第六条 国务院授权的机构对省、自治区、直辖市人民政府以及国务院确定的城市人民政府土地利用和土地管理情况进行督察。

第七条 任何单位和个人都有遵守土地管理法律、法规的义务,并有权对违反土地管理法律、法规的行为提出检举和控告。

第八条 在保护和开发土地资源、合理利用土地以及进行有关的科学研究等方面成绩显著的单位和个人,由人民政府给予奖励。

第二章 土地的所有权和使用权

第九条 城市市区的土地属于国家所有。

农村和城市郊区的土地,除由法律规定属于国家所有的以外,属于农民集体所有;宅基地和自留地、自留山,属于农民集体所有。

第十条 国有土地和农民集体所有的土地,可以依法确定给单位或者个人使用。使用土地的单位和个人,有保护、管理和合理利用土地的义务。

第十一条 农民集体所有的土地依法属于村农民集体所有的,由村集体经济组织或者村民委员会经营、管理;已经分别属于村内两个以上农村集体经济组织的农民集体所有的,由村内各该农村集体经济组织或者村民小组经营、管理;已经属于乡(镇)农民集体所有的,由乡(镇)农村集体经济组织经营、管理。

第十二条 土地的所有权和使用权的登记,依照有关不动产登记的法律、行政法规执行。依法登记的土地的所有权和使用权受法律保护,任何单位和个人不得侵犯。

第十三条 农民集体所有和国家所有依法由农民集体使用的耕地、林地、草地,以及其他依法用于农业的土地,采取农村集体经济组织内部的家庭承包方式承包,不宜采取家庭承包方式的荒山、荒沟、荒丘、荒滩等,可以采取招标、拍卖、公开协商等方式承包,从事种植业、林业、畜牧业、渔业生产。家庭承包的耕地的承包期为三十年,草地的承包期为三十年至五十年,林地的承包期为三十年至七十年;耕地承包期届满后再延长三十年,草地、林地承包期届满后依法相应延长。

国家所有依法用于农业的土地可以由单位或者个人承包经营,从事种植业、林业、畜牧业、渔业生产。

发包方和承包方应当依法订立承包合同,约定双方的权利和义务。承包经营土地的单位和个人,有保护和按照承包合同约定的用途合理利用土地的义务。

第十四条 土地所有权和使用权争议,由当事人协商解决;协商不成的,由人民政府处理。

单位之间的争议,由县级以上人民政府处理;个人之间、个人与单位之间的争议,由乡级人民政府或者县级以上人民政府处理。

当事人对有关人民政府的处理决定不服的,可以自接到处理决定通知之日起三十日内,向人民法院起诉。

在土地所有权和使用权争议解决前,任何一方不得改变土地利用现状。

第三章 土地利用总体规划

第十五条 各级人民政府应当依据国民经济和社会发展规划、国土整治和资源环境保护的要求、土地供给能力以及各项建设对土地的需求，组织编制土地利用总体规划。

土地利用总体规划的规划期限由国务院规定。

第十六条 下级土地利用总体规划应当依据上一级土地利用总体规划编制。

地方各级人民政府编制的土地利用总体规划中的建设用地总量不得超过上一级土地利用总体规划确定的控制指标，耕地保有量不得低于上一级土地利用总体规划确定的控制指标。

省、自治区、直辖市人民政府编制的土地利用总体规划，应当确保本行政区域内耕地总量不减少。

第十七条 土地利用总体规划按照下列原则编制：

（一）落实国土空间开发保护要求，严格土地用途管制；

（二）严格保护永久基本农田，严格控制非农业建设占用农用地；

（三）提高土地节约集约利用水平；

（四）统筹安排城乡生产、生活、生态用地，满足乡村产业和基础设施用地合理需求，促进城乡融合发展；

（五）保护和改善生态环境，保障土地的可持续利用；

（六）占用耕地与开发复垦耕地数量平衡、质量相当。

第十八条 国家建立国土空间规划体系。编制国土空间规划应当坚持生态优先、绿色、可持续发展，科学有序统筹安排生态、农业、城镇等功能空间，优化国土空间结构和布局，提升国土空间开发、保护的质量和效率。

经依法批准的国土空间规划是各类开发、保护、建设活动的基本依据。已经编制国土空间规划的，不再编制土地利用总体规划和城乡规划。

第十九条 县级土地利用总体规划应当划分土地利用区，明确土地用途。

乡（镇）土地利用总体规划应当划分土地利用区，根据土地使用条件，确定每一块土地的用途，并予以公告。

第二十条 土地利用总体规划实行分级审批。

省、自治区、直辖市的土地利用总体规划，报国务院批准。

省、自治区人民政府所在地的市、人口在一百万以上的城市以及国务院指定的城市的土地利用总体规划，经省、自治区人民政府审查同意后，报国务院批准。

本条第二款、第三款规定以外的土地利用总体规划，逐级上报省、自治区、直辖市人民政府批准；其中，乡（镇）土地利用总体规划可以由省级人民政府授权的设区的市、自治州人民政府批准。

土地利用总体规划一经批准，必须严格执行。

第二十一条 城市建设用地规模应当符合国家规定的标准，充分利用现有建设用地，不占或者尽量少占农用地。

城市总体规划、村庄和集镇规划，应当与土地利用总体规划相衔接，城市总体规划、村庄和集镇规划中建设用地规模不得超过土地利用总体规划确定的城市和村庄、集镇建设用地规模。

在城市规划区内、村庄和集镇规划区内，城市和村庄、集镇建设用地应当符合城市规划、村庄和集镇规划。

第二十二条 江河、湖泊综合治理和开发利用规划，应当与土地利用总体规划相衔接。在江河、湖泊、水库的管理和保护范围以及蓄洪滞洪区内，土地利用应当符合江河、湖泊综合治理和开发利用规划，符合河道、湖泊行洪、蓄洪和输水的要求。

第二十三条 各级人民政府应当加强土地利用计划管理，实行建设用地总量控制。

土地利用年度计划，根据国民经济和社会发展计划、国家产业政策、土地利用总体规划以及建设用地和土地利用的实际状况编制。土地利用年度计划应当对本法第六十三条规定的集体经营性建设用地作出合理安排。土地利用年度计划的编制审批程序与土地利用总体规划的编制审批程序相同，一经审批下达，必须严格执行。

第二十四条 省、自治区、直辖市人民政府应当将土地利用年度计划的执行情况列为国民经济和社会发展计划执行情况的内容，向同级人民代表大会报告。

第二十五条 经批准的土地利用总体规划的修改，须经原批准机关批准；未经批准，不得改变土地利用总体规划确定的土地用途。

经国务院批准的大型能源、交通、水利等基础设施建设用地，需要改变土地利用总体规划的，根据国务院的批准文件修改土地利用总体规划。

经省、自治区、直辖市人民政府批准的能源、交通、水利等基础设施建设用地，需要改变土地利用总体规划的，属于省级人民政府土地利用总体规划批准权限内的，根据省级人民政府的批准文件修改土地利用总体规划。

第二十六条 国家建立土地调查制度。

县级以上人民政府自然资源主管部门会同同级有关部门进行土地调查。土地所有者或者使用者应当配合调查，并提供有关资料。

第二十七条 县级以上人民政府自然资源主管部门会同同级有关部门根据土地调查成果、规划土地用途和国家制定的统一标准，评定土地等级。

第二十八条 国家建立土地统计制度。

县级以上人民政府统计机构和自然资源主管部门依法进行土地统计调查，定期发布土地统计资料。土地所有者或者使用者应当提供有关资料，不得拒报、迟报，不得提供不真实、不完整的资料。

统计机构和自然资源主管部门共同发布的土地面积统计资料是各级人民政府编制土地利用总体规划的依据。

第二十九条 国家建立全国土地管理信息系统，对土地利用状况进行动态监测。

第四章 耕地保护

第三十条 国家保护耕地，严格控制耕地转为非耕地。

国家实行占用耕地补偿制度。非农业建设经批准占用耕地的，按照"占多少，垦多少"的原则，由占用耕地的单位负责开垦与所占用耕地的数量和质量相当的耕地；没有条件开垦或者开垦的耕地不符合要求的，应当按照省、自治区、直辖市的规定缴纳耕地开垦费，专款用于开垦新的耕地。

省、自治区、直辖市人民政府应当制定开垦耕地计划，监督占用耕地的单位按照计划开垦耕地或者按照计划组织开垦耕地，并进行验收。

第三十一条 县级以上地方人民政府可以要求占用耕地的单位将所占用耕地耕作层的

土壤用于新开垦耕地、劣质地或者其他耕地的土壤改良。

第三十二条 省、自治区、直辖市人民政府应当严格执行土地利用总体规划和土地利用年度计划，采取措施，确保本行政区域内耕地总量不减少、质量不降低。耕地总量减少的，由国务院责令在规定期限内组织开垦与所减少耕地的数量与质量相当的耕地；耕地质量降低的，由国务院责令在规定期限内组织整治。新开垦和整治的耕地由国务院自然资源主管部门会同农业农村主管部门验收。

个别省、直辖市确因土地后备资源匮乏，新增建设用地后，新开垦耕地的数量不足以补偿所占用耕地的数量的，必须报经国务院批准减免本行政区域内开垦耕地的数量，易地开垦数量和质量相当的耕地。

第三十三条 国家实行永久基本农田保护制度。下列耕地应当根据土地利用总体规划划为永久基本农田，实行严格保护：

（一）经国务院农业农村主管部门或者县级以上地方人民政府批准确定的粮、棉、油、糖等重要农产品生产基地内的耕地；

（二）有良好的水利与水土保持设施的耕地，正在实施改造计划以及可以改造的中、低产田和已建成的高标准农田；

（三）蔬菜生产基地；

（四）农业科研、教学试验田；

（五）国务院规定应当划为永久基本农田的其他耕地。

各省、自治区、直辖市划定的永久基本农田一般应当占本行政区域内耕地的百分之八十以上，具体比例由国务院根据各省、自治区、直辖市耕地实际情况规定。

第三十四条 永久基本农田划定以乡（镇）为单位进行，由县级人民政府自然资源主管部门会同同级农业农村主管部门组织实施。永久基本农田应当落实到地块，纳入国家永久基本农田数据库严格管理。

乡（镇）人民政府应当将永久基本农田的位置、范围向社会公告，并设立保护标志。

第三十五条 永久基本农田经依法划定后，任何单位和个人不得擅自占用或者改变其用途。国家能源、交通、水利、军事设施等重点建设项目选址确实难以避让永久基本农田，涉及农用地转用或者土地征收的，必须经国务院批准。

禁止通过擅自调整县级土地利用总体规划、乡（镇）土地利用总体规划等方式规避永久基本农田农用地转用或者土地征收的审批。

第三十六条 各级人民政府应当采取措施，引导因地制宜轮作休耕，改良土壤，提高地力，维护排灌工程设施，防止土地荒漠化、盐渍化、水土流失和土壤污染。

第三十七条 非农业建设必须节约使用土地，可以利用荒地的，不得占用耕地；可以利用劣地的，不得占用好地。

禁止占用耕地建窑、建坟或者擅自在耕地上建房、挖砂、采石、采矿、取土等。

禁止占用永久基本农田发展林果业和挖塘养鱼。

第三十八条 禁止任何单位和个人闲置、荒芜耕地。已经办理审批手续的非农业建设占用耕地，一年内不用而又可以耕种并收获的，应当由原耕种该幅耕地的集体或者个人恢复耕种，也可以由用地单位组织耕种；一年以上未动工建设的，应当按照省、自治区、直辖市的规定缴纳闲置费；连续二年未使用的，经原批准机关批准，由县级以上人民政府无偿收回用地单位的土地使用权；该幅土地原为农民集体所有的，应当交由原农村集体经济组织恢复耕种。

在城市规划区范围内，以出让方式取得土地使用权进行房地产开发的闲置土地，依照《中华人民共和国城市房地产管理法》的有关规定办理。

第三十九条 国家鼓励单位和个人按照土地利用总体规划，在保护和改善生态环境、防止水土流失和土地荒漠化的前提下，开发未利用的土地；适宜开发为农用地的，应当优先开发成农用地。

国家依法保护开发者的合法权益。

第四十条 开垦未利用的土地，必须经过科学论证和评估，在土地利用总体规划划定的可开垦的区域内，经依法批准后进行。禁止毁坏森林、草原开垦耕地，禁止围湖造田和侵占江河滩地。

根据土地利用总体规划，对破坏生态环境开垦、围垦的土地，有计划有步骤地退耕还林、还牧、还湖。

第四十一条 开发未确定使用权的国有荒山、荒地、荒滩从事种植业、林业、畜牧业、渔业生产的，经县级以上人民政府依法批准，可以确定给开发单位或者个人长期使用。

第四十二条 国家鼓励土地整理。县、乡（镇）人民政府应当组织农村集体经济组织，按照土地利用总体规划，对田、水、路、林、村综合整治，提高耕地质量，增加有效耕地面积，改善农业生产条件和生态环境。

地方各级人民政府应当采取措施，改造中、低产田，整治闲散地和废弃地。

第四十三条 因挖损、塌陷、压占等造成土地破坏，用地单位和个人应当按照国家有关规定负责复垦；没有条件复垦或者复垦不符合要求的，应当缴纳土地复垦费，专项用于土地复垦。复垦的土地应当优先用于农业。

第五章 建设用地

第四十四条 建设占用土地，涉及农用地转为建设用地的，应当办理农用地转用审批手续。

永久基本农田转为建设用地的，由国务院批准。

在土地利用总体规划确定的城市和村庄、集镇建设用地规模范围内，为实施该规划而将永久基本农田以外的农用地转为建设用地的，按土地利用年度计划分批次按照国务院规定由原批准土地利用总体规划的机关或者其授权的机关批准。在已批准的农用地转用范围内，具体建设项目用地可以由市、县人民政府批准。

在土地利用总体规划确定的城市和村庄、集镇建设用地规模范围外，将永久基本农田以外的农用地转为建设用地的，由国务院或者国务院授权的省、自治区、直辖市人民政府批准。

第四十五条 为了公共利益的需要，有下列情形之一，确需征收农民集体所有的土地的，可以依法实施征收：

（一）军事和外交需要用地的；

（二）由政府组织实施的能源、交通、水利、通信、邮政等基础设施建设需要用地的；

（三）由政府组织实施的科技、教育、文化、卫生、体育、生态环境和资源保护、防灾减灾、文物保护、社区综合服务、社会福利、市政公用、优抚安置、英烈保护等公共事业需要用地的；

（四）由政府组织实施的扶贫搬迁、保障性安居工程建设需要用地的；

（五）在土地利用总体规划确定的城镇建设用地范围内，经省级以上人民政府批准由县级以上地方人民政府组织实施的成片开发建设需要用地的；

（六）法律规定为公共利益需要可以征收农民集体所有的土地的其他情形。

前款规定的建设活动，应当符合国民经济和社会发展规划、土地利用总体规划、城乡规划和专项规划；第（四）项、第（五）项规定的建设活动，还应当纳入国民经济和社会发展年度计划；第（五）项规定的成片开发并应当符合国务院自然资源主管部门规定的标准。

第四十六条 征收下列土地的，由国务院批准：

（一）永久基本农田；

（二）永久基本农田以外的耕地超过三十五公顷的；

（三）其他土地超过七十公顷的。

征收前款规定以外的土地的，由省、自治区、直辖市人民政府批准。

征收农用地的，应当依照本法第四十四条的规定先行办理农用地转用审批。其中，经国务院批准农用地转用的，同时办理征地审批手续，不再另行办理征地审批；经省、自治区、直辖市人民政府在征地批准权限内批准农用地转用的，同时办理征地审批手续，不再另行办理征地审批，超过征地批准权限的，应当依照本条第一款的规定另行办理征地审批。

第四十七条 国家征收土地的，依照法定程序批准后，由县级以上地方人民政府予以公告并组织实施。

县级以上地方人民政府拟申请征收土地的，应当开展拟征收土地现状调查和社会稳定风险评估，并将征收范围、土地现状、征收目的、补偿标准、安置方式和社会保障等在拟征收土地所在的乡（镇）和村、村民小组范围内公告至少三十日，听取被征地的农村集体经济组织及其成员、村民委员会和其他利害关系人的意见。

多数被征地的农村集体经济组织成员认为征地补偿安置方案不符合法律、法规规定的，县级以上地方人民政府应当组织召开听证会，并根据法律、法规的规定和听证会情况修改方案。

拟征收土地的所有权人、使用权人应当在公告规定期限内，持不动产权属证明材料办理补偿登记。县级以上地方人民政府应当组织有关部门测算并落实有关费用，保证足额到位，与拟征收土地的所有权人、使用权人就补偿、安置等签订协议；个别确实难以达成协议的，应当在申请征收土地时如实说明。

相关前期工作完成后，县级以上地方人民政府方可申请征收土地。

第四十八条 征收土地应当给予公平、合理的补偿，保障被征地农民原有生活水平不降低、长远生计有保障。

征收土地应当依法及时足额支付土地补偿费、安置补助费以及农村村民住宅、其他地上附着物和青苗等的补偿费用，并安排被征地农民的社会保障费用。

征收农用地的土地补偿费、安置补助费标准由省、自治区、直辖市通过制定公布区片综合地价确定。制定区片综合地价应当综合考虑土地原用途、土地资源条件、土地产值、土地区位、土地供求关系、人口以及经济社会发展水平等因素，并至少每三年调整或者重新公布一次。

征收农用地以外的其他土地、地上附着物和青苗等的补偿标准，由省、自治区、直辖市制定。对其中的农村村民住宅，应当按照先补偿后搬迁、居住条件有改善的原则，尊重农村村民意愿，采取重新安排宅基地建房、提供安置房或者货币补偿等方式给予公平、合理的补偿，并对因征收造成的搬迁、临时安置等费用予以补偿，保障农村村民居住的权利和合法的住房财产权益。

县级以上地方人民政府应当将被征地农民纳入相应的养老等社会保障体系。被征地农民的社会保障费用主要用于符合条件的被征地农民的养老保险等社会保险缴费补贴。被征地农民社会保障费用的筹集、管理和使用办法，由省、自治区、直辖市制定。

第四十九条 被征地的农村集体经济组织应当将征收土地的补偿费用的收支状况向本集体经济组织的成员公布，接受监督。

禁止侵占、挪用被征收土地单位的征地补偿费用和其他有关费用。

第五十条 地方各级人民政府应当支持被征地的农村集体经济组织和农民从事开发经营，兴办企业。

第五十一条 大中型水利、水电工程建设征收土地的补偿费标准和移民安置办法，由国务院另行规定。

第五十二条 建设项目可行性研究论证时，自然资源主管部门可以根据土地利用总体规划、土地利用年度计划和建设用地标准，对建设用地有关事项进行审查，并提出意见。

第五十三条 经批准的建设项目需要使用国有建设用地的，建设单位应当持法律、行政法规规定的有关文件，向有批准权的县级以上人民政府自然资源主管部门提出建设用地申请，经自然资源主管部门审查，报本级人民政府批准。

第五十四条 建设单位使用国有土地，应当以出让等有偿使用方式取得；但是，下列建设用地，经县级以上人民政府依法批准，可以以划拨方式取得：

（一）国家机关用地和军事用地；

（二）城市基础设施用地和公益事业用地；

（三）国家重点扶持的能源、交通、水利等基础设施用地；

（四）法律、行政法规规定的其他用地。

第五十五条 以出让等有偿使用方式取得国有土地使用权的建设单位，按照国务院规定的标准和办法，缴纳土地使用权出让金等土地有偿使用费和其他费用后，方可使用土地。

自本法施行之日起，新增建设用地的土地有偿使用费，百分之三十上缴中央财政，百分之七十留给有关地方人民政府。具体使用管理办法由国务院财政部门会同有关部门制定，并报国务院批准。

第五十六条 建设单位使用国有土地的，应当按照土地使用权出让等有偿使用合同的约定或者土地使用权划拨批准文件的规定使用土地；确需改变该幅土地建设用途的，应当经有关人民政府自然资源主管部门同意，报原批准用地的人民政府批准。其中，在城市规划区内改变土地用途的，在报批前，应当先经有关城市规划行政主管部门同意。

第五十七条 建设项目施工和地质勘查需要临时使用国有土地或者农民集体所有的土

地的，由县级以上人民政府自然资源主管部门批准。其中，在城市规划区内的临时用地，在报批前，应当先经有关城市规划行政主管部门同意。土地使用者应当根据土地权属，与有关自然资源主管部门或者农村集体经济组织、村民委员会签订临时使用土地合同，并按照合同的约定支付临时使用土地补偿费。

临时使用土地的使用者应当按照临时使用土地合同约定的用途使用土地，并不得修建永久性建筑物。

临时使用土地期限一般不超过二年。

第五十八条 有下列情形之一的，由有关人民政府自然资源主管部门报经原批准用地的人民政府或者有批准权的人民政府批准，可以收回国有土地使用权：

（一）为实施城市规划进行旧城区改建以及其他公共利益需要，确需使用土地的；

（二）土地出让等有偿使用合同约定的使用期限届满，土地使用者未申请续期或者申请续期未获批准的；

（三）因单位撤销、迁移等原因，停止使用原划拨的国有土地的；

（四）公路、铁路、机场、矿场等经核准报废的。

依照前款第（一）项的规定收回国有土地使用权的，对土地使用权人应当给予适当补偿。

第五十九条 乡镇企业、乡（镇）村公共设施、公益事业、农村村民住宅等乡（镇）村建设，应当按照村庄和集镇规划，合理布局，综合开发，配套建设；建设用地，应当符合乡（镇）土地利用总体规划和土地利用年度计划，并依照本法第四十四条、第六十条、第六十一条、第六十二条的规定办理审批手续。

第六十条 农村集体经济组织使用乡（镇）土地利用总体规划确定的建设用地兴办企业或者与其他单位、个人以土地使用权入股、联营等形式共同举办企业的，应当持有关批准文件，向县级以上地方人民政府自然资源主管部门提出申请，按照省、自治区、直辖市规定的批准权限，由县级以上地方人民政府批准；其中，涉及占用农用地的，依照本法第四十四条的规定办理审批手续。

按照前款规定兴办企业的建设用地，必须严格控制。省、自治区、直辖市可以按照乡镇企业的不同行业和经营规模，分别规定用地标准。

第六十一条 乡（镇）村公共设施、公益事业建设，需要使用土地的，经乡（镇）人民政府审核，向县级以上地方人民政府自然资源主管部门提出申请，按照省、自治区、直辖市规定的批准权限，由县级以上地方人民政府批准；其中，涉及占用农用地的，依照本法第四十四条的规定办理审批手续。

第六十二条 农村村民一户只能拥有一处宅基地，其宅基地的面积不得超过省、自治区、直辖市规定的标准。

人均土地少、不能保障一户拥有一处宅基地的地区，县级人民政府在充分尊重农村村民意愿的基础上，可以采取措施，按省、自治区、直辖市规定的标准保障农村村民实现户有所居。

农村村民建住宅，应当符合乡（镇）土地利用总体规划、村庄规划，不得占用永久基本农田，并尽量使用原有的宅基地和村内空闲地。编制乡（镇）土地利用总体规划、村庄规划应当统筹并合理安排宅基地用地，改善农村村民居住环境和条件。

农村村民住宅用地，由乡（镇）人民政府审核批准；其中，涉及占用农用地的，依照本法第四十四条的规定办理审批手续。

农村村民出卖、出租、赠与住宅后，再申请宅基地的，不予批准。

国家允许进城落户的农村村民依法自愿有偿退出宅基地，鼓励农村集体经济组织及其成员盘活利用闲置宅基地和闲置住宅。

国务院农业农村主管部门负责全国农村宅基地改革和管理有关工作。

第六十三条 土地利用总体规划、城乡规划确定为工业、商业等经营性用途，并经依法登记的集体经营性建设用地，土地所有权人可以通过出让、出租等方式交由单位或者个人使用，并应当签订书面合同，载明土地界址、面积、动工期限、使用期限、土地用途、规划条件和双方其他权利义务。

前款规定的集体经营性建设用地出让、出租等，应当经本集体经济组织成员的村民会议三分之二以上成员或者三分之二以上村民代表的同意。

通过出让等方式取得的集体经营性建设用地使用权可以转让、互换、出资、赠与或者抵押，但法律、行政法规另有规定或者土地所有权人、土地使用权人签订的书面合同另有约定的除外。

集体经营性建设用地的出租，集体建设用地使用权的出让及其最高年限、转让、互换、出资、赠与、抵押等，参照同类用途的国有建设用地执行。具体办法由国务院制定。

第六十四条 集体建设用地的使用者应当严格按照土地利用总体规划、城乡规划确定的用途使用土地。

第六十五条 在土地利用总体规划制定前已建的不符合土地利用总体规划确定的用途的建筑物、构筑物，不得重建、扩建。

第六十六条 有下列情形之一的，农村集体经济组织报经原批准用地的人民政府批准，可以收回土地使用权：

（一）为乡（镇）村公共设施和公益事业建设，需要使用土地的；

（二）不按照批准的用途使用土地的；

（三）因撤销、迁移等原因而停止使用土地的。

依照前款第（一）项规定收回农民集体所有的土地的，对土地使用权人应当给予适当补偿。

收回集体经营性建设用地使用权，依照双方签订的书面合同办理，法律、行政法规另有规定的除外。

第六章 监督检查

第六十七条 县级以上人民政府自然资源主管部门对违反土地管理法律、法规的行为进行监督检查。

县级以上人民政府农业农村主管部门对违反农村宅基地管理法律、法规的行为进行监督检查的，适用本法关于自然资源主管部门监督检查的规定。

土地管理监督检查人员应当熟悉土地管理法律、法规，忠于职守、秉公执法。

第六十八条 县级以上人民政府自然资源主管部门履行监督检查职责时，有权采取下列措施：

（一）要求被检查的单位或者个人提供有关土地权利的文件和资料，进行查阅或者予以复制；

（二）要求被检查的单位或者个人就有关土地权利的问题作出说明；

（三）进入被检查单位或者个人非法占用的土地现场进行勘测；

（四）责令非法占用土地的单位或者个人停止违反土地管理法律、法规的行为。

第六十九条　土地管理监督检查人员履行职责，需要进入现场进行勘测、要求有关单位或者个人提供文件、资料和作出说明的，应当出示土地管理监督检查证件。

第七十条　有关单位和个人对县级以上人民政府自然资源主管部门就土地违法行为进行的监督检查应当支持与配合，并提供工作方便，不得拒绝与阻碍土地管理监督检查人员依法执行职务。

第七十一条　县级以上人民政府自然资源主管部门在监督检查工作中发现国家工作人员的违法行为，依法应当给予处分的，应当依法予以处理；自己无权处理的，应当依法移送监察机关或者有关机关处理。

第七十二条　县级以上人民政府自然资源主管部门在监督检查工作中发现土地违法行为构成犯罪的，应当将案件移送有关机关，依法追究刑事责任；尚不构成犯罪的，应当依法给予行政处罚。

第七十三条　依照本法规定应当给予行政处罚，而有关自然资源主管部门不给予行政处罚的，上级人民政府自然资源主管部门有权责令有关自然资源主管部门作出行政处罚决定或者直接给予行政处罚，并给予有关自然资源主管部门的负责人处分。

第七章　法律责任

第七十四条　买卖或者以其他形式非法转让土地的，由县级以上人民政府自然资源主管部门没收违法所得；对违反土地利用总体规划擅自将农用地改为建设用地的，限期拆除在非法转让的土地上新建的建筑物和其他设施，恢复土地原状，对符合土地利用总体规划的，没收在非法转让的土地上新建的建筑物和其他设施；可以并处罚款；对直接负责的主管人员和其他直接责任人员，依法给予处分；构成犯罪的，依法追究刑事责任。

第七十五条　违反本法规定，占用耕地建窑、建坟或者擅自在耕地上建房、挖砂、采石、采矿、取土等，破坏种植条件的，或者因开发土地造成土地荒漠化、盐渍化的，由县级以上人民政府自然资源主管部门、农业农村主管部门等按照职责责令限期改正或者治理，可以并处罚款；构成犯罪的，依法追究刑事责任。

第七十六条　违反本法规定，拒不履行土地复垦义务的，由县级以上人民政府自然资源主管部门责令限期改正；逾期不改正的，责令缴纳复垦费，专项用于土地复垦，可以处以罚款。

第七十七条　未经批准或者采取欺骗手段骗取批准，非法占用土地的，由县级以上人民政府自然资源主管部门责令退还非法占用的土地，对违反土地利用总体规划擅自将农用地改为建设用地的，限期拆除在非法占用的土地上新建的建筑物和其他设施，恢复土地原状，对符合土地利用总体规划的，没收在非法占用的土地上新建的建筑物和其他设施，可以并处罚款；对非法占用土地单位的直接负责的主管人员和其他直接责任人员，依法给予处分；构成犯罪的，依法追究刑事责任。

超过批准的数量占用土地，多占的土地以非法占用土地论处。

第七十八条 农村村民未经批准或者采取欺骗手段骗取批准，非法占用土地建住宅的，由县级以上人民政府农业农村主管部门责令退还非法占用的土地，限期拆除在非法占用的土地上新建的房屋。

超过省、自治区、直辖市规定的标准，多占的土地以非法占用土地论处。

第七十九条 无权批准征收、使用土地的单位或者个人非法批准占用土地的，超越批准权限非法批准占用土地的，不按照土地利用总体规划确定的用途批准用地的，或者违反法律规定的程序批准占用、征收土地的，其批准文件无效，对非法批准征收、使用土地的直接负责的主管人员和其他直接责任人员，依法给予处分；构成犯罪的，依法追究刑事责任。非法批准、使用的土地应当收回，有关当事人拒不归还的，以非法占用土地论处。

非法批准征收、使用土地，对当事人造成损失的，依法应当承担赔偿责任。

第八十条 侵占、挪用被征收土地单位的征地补偿费用和其他有关费用，构成犯罪的，依法追究刑事责任；尚不构成犯罪的，依法给予处分。

第八十一条 依法收回国有土地使用权当事人拒不交出土地的，临时使用土地期满拒不归还的，或者不按照批准的用途使用国有土地的，由县级以上人民政府自然资源主管部门责令交还土地，处以罚款。

第八十二条 擅自将农民集体所有的土地通过出让、转让使用权或者出租等方式用于非农业建设，或者违反本法规定，将集体经营性建设用地通过出让、出租等方式交由单位或者个人使用的，由县级以上人民政府自然资源主管部门责令限期改正，没收违法所得，并处罚款。

第八十三条 依照本法规定，责令限期拆除在非法占用的土地上新建的建筑物和其他设施的，建设单位或者个人必须立即停止施工，自行拆除；对继续施工的，作出处罚决定的机关有权制止。建设单位或者个人对责令限期拆除的行政处罚决定不服的，可以在接到责令限期拆除决定之日起十五日内，向人民法院起诉；期满不起诉又不自行拆除的，由作出处罚决定的机关依法申请人民法院强制执行，费用由违法者承担。

第八十四条 自然资源主管部门、农业农村主管部门的工作人员玩忽职守、滥用职权、徇私舞弊，构成犯罪的，依法追究刑事责任；尚不构成犯罪的，依法给予处分。

第八章 附 则

第八十五条 外商投资企业使用土地的，适用本法；法律另有规定的，从其规定。

第八十六条 在根据本法第十八条的规定编制国土空间规划前，经依法批准的土地利用总体规划和城乡规划继续执行。

第八十七条 本法自 1999 年 1 月 1 日起施行。

附录6 《自然资源部关于以"多规合一"为基础推进规划用地"多审合一、多证合一"改革的通知》

自然资源部关于以"多规合一"为基础推进规划用地"多审合一、多证合一"改革的通知

（自然资规〔2019〕2号）

各省、自治区、直辖市及计划单列市自然资源主管部门、新疆生产建设兵团自然资源主管部门，中央军委后勤保障部军事设施建设局，国家林业和草原局，中国地质调查局及部其他直属单位，各派出机构，部机关各司局：

为落实党中央、国务院推进政府职能转变、深化"放管服"改革和优化营商环境的要求，现就以"多规合一"为基础推进规划用地"多审合一、多证合一"改革的有关事项通知如下：

一、合并规划选址和用地预审

将建设项目选址意见书、建设项目用地预审意见合并，自然资源主管部门统一核发建设项目用地预审与选址意见书（见附件1），不再单独核发建设项目选址意见书、建设项目用地预审意见。

涉及新增建设用地，用地预审权限在自然资源部的，建设单位向地方自然资源主管部门提出用地预审与选址申请，由地方自然资源主管部门受理；经省级自然资源主管部门报自然资源部通过用地预审后，地方自然资源主管部门向建设单位核发建设项目用地预审与选址意见书。用地预审权限在省级以下自然资源主管部门的，由省级自然资源主管部门确定建设项目用地预审与选址意见书办理的层级和权限。

使用已经依法批准的建设用地进行建设的项目，不再办理用地预审；需要办理规划选址的，由地方自然资源主管部门对规划选址情况进行审查，核发建设项目用地预审与选址意见书。

建设项目用地预审与选址意见书有效期为三年，自批准之日起计算。

二、合并建设用地规划许可和用地批准

将建设用地规划许可证、建设用地批准书合并，自然资源主管部门统一核发新的建设用地规划许可证（见附件2），不再单独核发建设用地批准书。

以划拨方式取得国有土地使用权的，建设单位向所在地的市、县自然资源主管部门提出建设用地规划许可申请，经有建设用地批准权的人民政府批准后，市、县自然资源主管部门向建设单位同步核发建设用地规划许可证、国有土地划拨决定书。

以出让方式取得国有土地使用权的，市、县自然资源主管部门依据规划条件编制土地

出让方案，经依法批准后组织土地供应，将规划条件纳入国有建设用地使用权出让合同。建设单位在签订国有建设用地使用权出让合同后，市、县自然资源主管部门向建设单位核发建设用地规划许可证。

三、推进多测整合、多验合一

以统一规范标准、强化成果共享为重点，将建设用地审批、城乡规划许可、规划核实、竣工验收和不动产登记等多项测绘业务整合，归口成果管理，推进"多测合并、联合测绘、成果共享"。不得重复审核和要求建设单位或者个人多次提交对同一标的物的测绘成果；确有需要的，可以进行核实更新和补充测绘。在建设项目竣工验收阶段，将自然资源主管部门负责的规划核实、土地核验、不动产测绘等合并为一个验收事项。

四、简化报件审批材料

各地要依据"多审合一、多证合一"改革要求，核发新版证书。对现有建设用地审批和城乡规划许可的办事指南、申请表单和申报材料清单进行清理，进一步简化和规范申报材料。除法定的批准文件和证书以外，地方自行设立的各类通知书、审查意见等一律取消。加快信息化建设，可以通过政府内部信息共享获得的有关文件、证书等材料，不得要求行政相对人提交；对行政相对人前期已提供且无变化的材料，不得要求重复提交。支持各地探索以互联网、手机 APP 等方式，为行政相对人提供在线办理、进度查询和文书下载打印等服务。

本通知自发布之日起执行，有效期 5 年。各地可结合实际，制订实施细则。

自然资源部
2019 年 9 月 17 日

附件：

1. 附件 1–1　建设项目用地预审与选址意见书封面 .jpg（略）
2. 附件 1–2　建设项目用地预审与选址意见书内页 .jpg（略）
3. 附件 2–1　建设用地规划许可证封面 .jpg（略）
4. 附件 2–2　建设用地规划许可证内页 .jpg（略）
5. 附件 3　编号规划 .doc（略）

附录 7 《中华人民共和国环境影响评价法》

2002 年 10 月 28 日第九届全国人民代表大会常务委员会第三十次会议通过，根据 2016 年 7 月 2 日第十二届全国人民代表大会常务委员会第二十一次会议《关于修改〈中华人民共和国节约能源法〉等六部法律的决定》修正。

中华人民共和国环境影响评价法

第一章 总 则

第一条 为了实施可持续发展战略，预防因规划和建设项目实施后对环境造成不良影响，促进经济、社会和环境的协调发展，制定本法。

第二条 本法所称环境影响评价，是指对规划和建设项目实施后可能造成的环境影响进行分析、预测和评估，提出预防或者减轻不良环境影响的对策和措施，进行跟踪监测的方法与制度。

第三条 编制本法第九条所规定的范围内的规划，在中华人民共和国领域和中华人民共和国管辖的其他海域内建设对环境有影响的项目，应当依照本法进行环境影响评价。

第四条 环境影响评价必须客观、公开、公正，综合考虑规划或者建设项目实施后对各种环境因素及其所构成的生态系统可能造成的影响，为决策提供科学依据。

第五条 国家鼓励有关单位、专家和公众以适当方式参与环境影响评价。

第六条 国家加强环境影响评价的基础数据库和评价指标体系建设，鼓励和支持对环境影响评价的方法、技术规范进行科学研究，建立必要的环境影响评价信息共享制度，提高环境影响评价的科学性。

国务院环境保护行政主管部门应当会同国务院有关部门，组织建立和完善环境影响评价的基础数据库和评价指标体系。

第二章 规划的环境影响评价

第七条 国务院有关部门、设区的市级以上地方人民政府及其有关部门，对其组织编制的土地利用的有关规划，区域、流域、海域的建设、开发利用规划，应当在规划编制过程中组织进行环境影响评价，编写该规划有关环境影响的篇章或者说明。

规划有关环境影响的篇章或者说明，应当对规划实施后可能造成的环境影响作出分析、预测和评估，提出预防或者减轻不良环境影响的对策和措施，作为规划草案的组成部分一并报送规划审批机关。

未编写有关环境影响的篇章或者说明的规划草案，审批机关不予审批。

第八条 国务院有关部门、设区的市级以上地方人民政府及其有关部门，对其组织编制的工业、农业、畜牧业、林业、能源、水利、交通、城市建设、旅游、自然资源开发的有关专项规划（以下简称专项规划），应当在该专项规划草案上报审批前，组织进行环境影响评价，并向审批该专项规划的机关提出环境影响报告书。

前款所列专项规划中的指导性规划，按照本法第七条的规定进行环境影响评价。

第九条 依照本法第七条、第八条的规定进行环境影响评价的规划的具体范围，由国务院环境保护行政主管部门会同国务院有关部门规定，报国务院批准。

第十条 专项规划的环境影响报告书应当包括下列内容：

（一）实施该规划对环境可能造成影响的分析、预测和评估；

（二）预防或者减轻不良环境影响的对策和措施；

（三）环境影响评价的结论。

第十一条 专项规划的编制机关对可能造成不良环境影响并直接涉及公众环境权益的规划，应当在该规划草案报送审批前，举行论证会、听证会，或者采取其他形式，征求有关单位、专家和公众对环境影响报告书草案的意见。但是，国家规定需要保密的情形除外。

编制机关应当认真考虑有关单位、专家和公众对环境影响报告书草案的意见，并应当在报送审查的环境影响报告书中附具对意见采纳或者不采纳的说明。

第十二条 专项规划的编制机关在报批规划草案时，应当将环境影响报告书一并附送审批机关审查；未附送环境影响报告书的，审批机关不予审批。

第十三条 设区的市级以上人民政府在审批专项规划草案，作出决策前，应当先由人民政府指定的环境保护行政主管部门或者其他部门召集有关部门代表和专家组成审查小组，对环境影响报告书进行审查。审查小组应当提出书面审查意见。

参加前款规定的审查小组的专家，应当从按照国务院环境保护行政主管部门的规定设立的专家库内的相关专业的专家名单中，以随机抽取的方式确定。

由省级以上人民政府有关部门负责审批的专项规划，其环境影响报告书的审查办法，由国务院环境保护行政主管部门会同国务院有关部门制定。

第十四条 设区的市级以上人民政府或者省级以上人民政府有关部门在审批专项规划草案时，应当将环境影响报告书结论以及审查意见作为决策的重要依据。

在审批中未采纳环境影响报告书结论以及审查意见的，应当作出说明，并存档备查。

第十五条 对环境有重大影响的规划实施后，编制机关应当及时组织环境影响的跟踪评价，并将评价结果报告审批机关；发现有明显不良环境影响的，应当及时提出改进措施。

第三章 建设项目的环境影响评价

第十六条 国家根据建设项目对环境的影响程度，对建设项目的环境影响评价实行分类管理。

建设单位应当按照下列规定组织编制环境影响报告书、环境影响报告表或者填报环境影响登记表（以下统称环境影响评价文件）：

（一）可能造成重大环境影响的，应当编制环境影响报告书，对产生的环境影响进行全面评价；

（二）可能造成轻度环境影响的，应当编制环境影响报告表，对产生的环境影响进行分析或者专项评价；

（三）对环境影响很小、不需要进行环境影响评价的，应当填报环境影响登记表。

建设项目的环境影响评价分类管理名录，由国务院环境保护行政主管部门制定并公布。

第十七条 建设项目的环境影响报告书应当包括下列内容：

（一）建设项目概况；

（二）建设项目周围环境现状；

（三）建设项目对环境可能造成影响的分析、预测和评估；

（四）建设项目环境保护措施及其技术、经济论证；

（五）建设项目对环境影响的经济损益分析；

（六）对建设项目实施环境监测的建议；

（七）环境影响评价的结论。

涉及水土保持的建设项目，还必须有经水行政主管部门审查同意的水土保持方案。

环境影响报告表和环境影响登记表的内容和格式，由国务院环境保护行政主管部门制定。

第十八条 建设项目的环境影响评价，应当避免与规划的环境影响评价相重复。

作为一项整体建设项目的规划，按照建设项目进行环境影响评价，不进行规划的环境影响评价。

已经进行了环境影响评价的规划所包含的具体建设项目，其环境影响评价内容建设单位可以简化。

第十九条 接受委托为建设项目环境影响评价提供技术服务的机构，应当经国务院环境保护行政主管部门考核审查合格后，颁发资质证书，按照资质证书规定的等级和评价范围，从事环境影响评价服务，并对评价结论负责。为建设项目环境影响评价提供技术服务的机构的资质条件和管理办法，由国务院环境保护行政主管部门制定。

国务院环境保护行政主管部门对已取得资质证书的为建设项目环境影响评价提供技术服务的机构的名单，应当予以公布。

为建设项目环境影响评价提供技术服务的机构，不得与负责审批建设项目环境影响评价文件的环境保护行政主管部门或者其他有关审批部门存在任何利益关系。

第二十条 环境影响评价文件中的环境影响报告书或者环境影响报告表，应当由具有相应环境影响评价资质的机构编制。

任何单位和个人不得为建设单位指定对其建设项目进行环境影响评价的机构。

第二十一条 除国家规定需要保密的情形外，对环境可能造成重大影响、应当编制环境影响报告书的建设项目，建设单位应当在报批建设项目环境影响报告书前，举行论证会、听证会，或者采取其他形式，征求有关单位、专家和公众的意见。

建设单位报批的环境影响报告书应当附具对有关单位、专家和公众的意见采纳或者不采纳的说明。

第二十二条 建设项目的环境影响评价文件，由建设单位按照国务院的规定报有审批权的环境保护行政主管部门审批；建设项目有行业主管部门的，其环境影响报告书或者环境影响报告表应当经行业主管部门预审后，报有审批权的环境保护行政主管部门审批。

海洋工程建设项目的海洋环境影响报告书的审批，依照《中华人民共和国海洋环境保护法》的规定办理。

审批部门应当自收到环境影响报告书之日起六十日内，收到环境影响报告表之日起三十日内，收到环境影响登记表之日起十五日内，分别作出审批决定并书面通知建设单位。

预审、审核、审批建设项目环境影响评价文件，不得收取任何费用。

第二十三条 国务院环境保护行政主管部门负责审批下列建设项目的环境影响评价文件：

（一）核设施、绝密工程等特殊性质的建设项目；

（二）跨省、自治区、直辖市行政区域的建设项目；

（三）由国务院审批的或者由国务院授权有关部门审批的建设项目。

前款规定以外的建设项目的环境影响评价文件的审批权限，由省、自治区、直辖市人民政府规定。

建设项目可能造成跨行政区域的不良环境影响，有关环境保护行政主管部门对该项目的环境影响评价结论有争议的，其环境影响评价文件由共同的上一级环境保护行政主管部门审批。

第二十四条 建设项目的环境影响评价文件经批准后，建设项目的性质、规模、地点、采用的生产工艺或者防治污染、防止生态破坏的措施发生重大变动的，建设单位应当重新报批建设项目的环境影响评价文件。

建设项目的环境影响评价文件自批准之日起超过五年，方决定该项目开工建设的，其环境影响评价文件应当报原审批部门重新审核；原审批部门应当自收到建设项目环境影响评价文件之日起十日内，将审核意见书面通知建设单位。

第二十五条 建设项目的环境影响评价文件未经法律规定的审批部门审查或者审查后未予批准的，该项目审批部门不得批准其建设，建设单位不得开工建设。

第二十六条 建设项目建设过程中，建设单位应当同时实施环境影响报告书、环境影响报告表以及环境影响评价文件审批部门审批意见中提出的环境保护对策措施。

第二十七条 在项目建设、运行过程中产生不符合经审批的环境影响评价文件的情形的，建设单位应当组织环境影响的后评价，采取改进措施，并报原环境影响评价文件审批部门和建设项目审批部门备案；原环境影响评价文件审批部门也可以责成建设单位进行环境影响的后评价，采取改进措施。

第二十八条 环境保护行政主管部门应当对建设项目投入生产或者使用后所产生的环境影响进行跟踪检查，对造成严重环境污染或者生态破坏的，应当查清原因、查明责任。对属于为建设项目环境影响评价提供技术服务的机构编制不实的环境影响评价文件的，依照本法第三十三条的规定追究其法律责任；属于审批部门工作人员失职、渎职，对依法不应批准的建设项目环境影响评价文件予以批准的，依照本法第三十五条的规定追究其法律责任。

第四章 法律责任

第二十九条 规划编制机关违反本法规定，组织环境影响评价时弄虚作假或者有失职行为，造成环境影响评价严重失实的，对直接负责的主管人员和其他直接责任人员，由上级机关或者监察机关依法给予行政处分。

第三十条 规划审批机关对依法应当编写有关环境影响的篇章或者说明而未编写的规划草案，依法应当附送环境影响报告书而未附送的专项规划草案，违法予以批准的，对直接负责的主管人员和其他直接责任人员，由上级机关或者监察机关依法给予行政处分。

第三十一条 建设单位未依法报批建设项目环境影响评价文件，或者未依照本法第二十四条的规定重新报批或者报请重新审核环境影响评价文件，擅自开工建设的，由有权审批该项目环境影响评价文件的环境保护行政主管部门责令停止建设，限期补办手续；逾期不补办手续的，可以处五万元以上二十万元以下的罚款，对建设单位直接负责的主管人员和其他直接责任人员，依法给予行政处分。

建设项目环境影响评价文件未经批准或者未经原审批部门重新审核同意，建设单位擅自开工建设的，由有权审批该项目环境影响评价文件的环境保护行政主管部门责令停止建设，可以处五万元以上二十万元以下的罚款，对建设单位直接负责的主管人员和其他直接责任人员，依法给予行政处分。

海洋工程建设项目的建设单位有前两款所列违法行为的，依照《中华人民共和国海洋环境保护法》的规定处罚。

第三十二条 建设项目依法应当进行环境影响评价而未评价，或者环境影响评价文件未经依法批准，审批部门擅自批准该项目建设的，对直接负责的主管人员和其他直接责任人员，由上级机关或者监察机关依法给予行政处分；构成犯罪的，依法追究刑事责任。

第三十三条 接受委托为建设项目环境影响评价提供技术服务的机构在环境影响评价工作中不负责任或者弄虚作假，致使环境影响评价文件失实的，由授予环境影响评价资质的环境保护行政主管部门降低其资质等级或者吊销其资质证书，并处所收费用一倍以上三倍以下的罚款；构成犯罪的，依法追究刑事责任。

第三十四条 负责预审、审核、审批建设项目环境影响评价文件的部门在审批中收取费用的，由其上级机关或者监察机关责令退还；情节严重的，对直接负责的主管人员和其他直接责任人员依法给予行政处分。

第三十五条 环境保护行政主管部门或者其他部门的工作人员徇私舞弊，滥用职权，玩忽职守，违法批准建设项目环境影响评价文件的，依法给予行政处分；构成犯罪的，依法追究刑事责任。

第五章 附则

第三十六条 省、自治区、直辖市人民政府可以根据本地的实际情况，要求对本辖区的县级人民政府编制的规划进行环境影响评价。具体办法由省、自治区、直辖市参照本法第二章的规定制定。

第三十七条 军事设施建设项目的环境影响评价办法，由中央军事委员会依照本法的原则制定。

第三十八条 本法自2003年9月1日起施行。

附录8 《中华人民共和国安全生产法》

2002年6月29日第九届全国人民代表大会常务委员会第二十八次会议通过，根据2009年8月27日第十一届全国人民代表大会常务委员会第十次会议《关于修改部分法律的决定》第一次修正，根据2014年8月31日第十二届全国人民代表大会常务委员会第十次会议《关于修改〈中华人民共和国安全生产法〉的决定》第二次修正。

中华人民共和国安全生产法

第一章 总 则

第一条 为了加强安全生产工作，防止和减少生产安全事故，保障人民群众生命和财产安全，促进经济社会持续健康发展，制定本法。

第二条 在中华人民共和国领域内从事生产经营活动的单位（以下统称生产经营单位）的安全生产，适用本法；有关法律、行政法规对消防安全和道路交通安全、铁路交通安全、水上交通安全、民用航空安全以及核与辐射安全、特种设备安全另有规定的，适用其规定。

第三条 安全生产工作应当以人为本，坚持安全发展，坚持安全第一、预防为主、综合治理的方针，强化和落实生产经营单位的主体责任，建立生产经营单位负责、职工参与、政府监管、行业自律和社会监督的机制。

第四条 生产经营单位必须遵守本法和其他有关安全生产的法律、法规，加强安全生产管理，建立、健全安全生产责任制和安全生产规章制度，改善安全生产条件，推进安全生产标准化建设，提高安全生产水平，确保安全生产。

第五条 生产经营单位的主要负责人对本单位的安全生产工作全面负责。

第六条 生产经营单位的从业人员有依法获得安全生产保障的权利，并应当依法履行安全生产方面的义务。

第七条 工会依法对安全生产工作进行监督。

生产经营单位的工会依法组织职工参加本单位安全生产工作的民主管理和民主监督，维护职工在安全生产方面的合法权益。生产经营单位制定或者修改有关安全生产的规章制度，应当听取工会的意见。

第八条 国务院和县级以上地方各级人民政府应当根据国民经济和社会发展规划制定安全生产规划，并组织实施。安全生产规划应当与城乡规划相衔接。

国务院和县级以上地方各级人民政府应当加强对安全生产工作的领导，支持、督促各有关部门依法履行安全生产监督管理职责，建立健全安全生产工作协调机制，及时协调、解决安全生产监督管理中存在的重大问题。

乡、镇人民政府以及街道办事处、开发区管理机构等地方人民政府的派出机关应当按照职责，加强对本行政区域内生产经营单位安全生产状况的监督检查，协助上级人民政府有关部门依法履行安全生产监督管理职责。

第九条 国务院安全生产监督管理部门依照本法,对全国安全生产工作实施综合监督管理;县级以上地方各级人民政府安全生产监督管理部门依照本法,对本行政区域内安全生产工作实施综合监督管理。

国务院有关部门依照本法和其他有关法律、行政法规的规定,在各自的职责范围内对有关行业、领域的安全生产工作实施监督管理;县级以上地方各级人民政府有关部门依照本法和其他有关法律、法规的规定,在各自的职责范围内对有关行业、领域的安全生产工作实施监督管理。

安全生产监督管理部门和对有关行业、领域的安全生产工作实施监督管理的部门,统称负有安全生产监督管理职责的部门。

第十条 国务院有关部门应当按照保障安全生产的要求,依法及时制定有关的国家标准或者行业标准,并根据科技进步和经济发展适时修订。

生产经营单位必须执行依法制定的保障安全生产的国家标准或者行业标准。

第十一条 各级人民政府及其有关部门应当采取多种形式,加强对有关安全生产的法律、法规和安全生产知识的宣传,增强全社会的安全生产意识。

第十二条 有关协会组织依照法律、行政法规和章程,为生产经营单位提供安全生产方面的信息、培训等服务,发挥自律作用,促进生产经营单位加强安全生产管理。

第十三条 依法设立的为安全生产提供技术、管理服务的机构,依照法律、行政法规和执业准则,接受生产经营单位的委托为其安全生产工作提供技术、管理服务。

生产经营单位委托前款规定的机构提供安全生产技术、管理服务的,保证安全生产的责任仍由本单位负责。

第十四条 国家实行生产安全事故责任追究制度,依照本法和有关法律、法规的规定,追究生产安全事故责任人员的法律责任。

第十五条 国家鼓励和支持安全生产科学技术研究和安全生产先进技术的推广应用,提高安全生产水平。

第十六条 国家对在改善安全生产条件、防止生产安全事故、参加抢险救护等方面取得显著成绩的单位和个人,给予奖励。

第二章 生产经营单位的安全生产保障

第十七条 生产经营单位应当具备本法和有关法律、行政法规和国家标准或者行业标准规定的安全生产条件;不具备安全生产条件的,不得从事生产经营活动。

第十八条 生产经营单位的主要负责人对本单位安全生产工作负有下列职责:

(一)建立、健全本单位安全生产责任制;

(二)组织制定本单位安全生产规章制度和操作规程;

(三)组织制定并实施本单位安全生产教育和培训计划;

(四)保证本单位安全生产投入的有效实施;

(五)督促、检查本单位的安全生产工作,及时消除生产安全事故隐患;

(六)组织制定并实施本单位的生产安全事故应急救援预案;

(七)及时、如实报告生产安全事故。

第十九条 生产经营单位的安全生产责任制应当明确各岗位的责任人员、责任范围和考核标准等内容。

生产经营单位应当建立相应的机制，加强对安全生产责任制落实情况的监督考核，保证安全生产责任制的落实。

第二十条 生产经营单位应当具备的安全生产条件所必需的资金投入，由生产经营单位的决策机构、主要负责人或者个人经营的投资人予以保证，并对由于安全生产所必需的资金投入不足导致的后果承担责任。

有关生产经营单位应当按照规定提取和使用安全生产费用，专门用于改善安全生产条件。安全生产费用在成本中据实列支。安全生产费用提取、使用和监督管理的具体办法由国务院财政部门会同国务院安全生产监督管理部门征求国务院有关部门意见后制定。

第二十一条 矿山、金属冶炼、建筑施工、道路运输单位和危险物品的生产、经营、储存单位，应当设置安全生产管理机构或者配备专职安全生产管理人员。

前款规定以外的其他生产经营单位，从业人员超过一百人的，应当设置安全生产管理机构或者配备专职安全生产管理人员；从业人员在一百人以下的，应当配备专职或者兼职的安全生产管理人员。

第二十二条 生产经营单位的安全生产管理机构以及安全生产管理人员履行下列职责：

（一）组织或者参与拟订本单位安全生产规章制度、操作规程和生产安全事故应急救援预案；

（二）组织或者参与本单位安全生产教育和培训，如实记录安全生产教育和培训情况；

（三）督促落实本单位重大危险源的安全管理措施；

（四）组织或者参与本单位应急救援演练；

（五）检查本单位的安全生产状况，及时排查生产安全事故隐患，提出改进安全生产管理的建议；

（六）制止和纠正违章指挥、强令冒险作业、违反操作规程的行为；

（七）督促落实本单位安全生产整改措施。

第二十三条 生产经营单位的安全生产管理机构以及安全生产管理人员应当恪尽职守，依法履行职责。

生产经营单位作出涉及安全生产的经营决策，应当听取安全生产管理机构以及安全生产管理人员的意见。

生产经营单位不得因安全生产管理人员依法履行职责而降低其工资、福利等待遇或者解除与其订立的劳动合同。

危险物品的生产、储存单位以及矿山、金属冶炼单位的安全生产管理人员的任免，应当告知主管的负有安全生产监督管理职责的部门。

第二十四条 生产经营单位的主要负责人和安全生产管理人员必须具备与本单位所从事的生产经营活动相应的安全生产知识和管理能力。

危险物品的生产、经营、储存单位以及矿山、金属冶炼、建筑施工、道路运输单位的主要负责人和安全生产管理人员，应当由主管的负有安全生产监督管理职责的部门对其安全生产知识和管理能力考核合格。考核不得收费。

危险物品的生产、储存单位以及矿山、金属冶炼单位应当有注册安全工程师从事安全生产管理工作。鼓励其他生产经营单位聘用注册安全工程师从事安全生产管理工作。注册安全工程师按专业分类管理，具体办法由国务院人力资源和社会保障部门、国务院安全生产监督管理部门会同国务院有关部门制定。

第二十五条 生产经营单位应当对从业人员进行安全生产教育和培训，保证从业人员具备必要的安全生产知识，熟悉有关的安全生产规章制度和安全操作规程，掌握本岗位的安全操作技能，了解事故应急处理措施，知悉自身在安全生产方面的权利和义务。未经安全生产教育和培训合格的从业人员，不得上岗作业。

生产经营单位使用被派遣劳动者的，应当将被派遣劳动者纳入本单位从业人员统一管理，对被派遣劳动者进行岗位安全操作规程和安全操作技能的教育和培训。劳务派遣单位应当对被派遣劳动者进行必要的安全生产教育和培训。

生产经营单位接收中等职业学校、高等学校学生实习的，应当对实习学生进行相应的安全生产教育和培训，提供必要的劳动防护用品。学校应当协助生产经营单位对实习学生进行安全生产教育和培训。

生产经营单位应当建立安全生产教育和培训档案，如实记录安全生产教育和培训的时间、内容、参加人员以及考核结果等情况。

第二十六条 生产经营单位采用新工艺、新技术、新材料或者使用新设备，必须了解、掌握其安全技术特性，采取有效的安全防护措施，并对从业人员进行专门的安全生产教育和培训。

第二十七条 生产经营单位的特种作业人员必须按照国家有关规定经专门的安全作业培训，取得相应资格，方可上岗作业。

特种作业人员的范围由国务院安全生产监督管理部门会同国务院有关部门确定。

第二十八条 生产经营单位新建、改建、扩建工程项目（以下统称建设项目）的安全设施，必须与主体工程同时设计、同时施工、同时投入生产和使用。安全设施投资应当纳入建设项目概算。

第二十九条 矿山、金属冶炼建设项目和用于生产、储存、装卸危险物品的建设项目，应当按照国家有关规定进行安全评价。

第三十条 建设项目安全设施的设计人、设计单位应当对安全设施设计负责。

矿山、金属冶炼建设项目和用于生产、储存、装卸危险物品的建设项目的安全设施设计应当按照国家有关规定报经有关部门审查，审查部门及其负责审查的人员对审查结果负责。

第三十一条 矿山、金属冶炼建设项目和用于生产、储存、装卸危险物品的建设项目的施工单位必须按照批准的安全设施设计施工，并对安全设施的工程质量负责。

矿山、金属冶炼建设项目和用于生产、储存危险物品的建设项目竣工投入生产或者使用前，应当由建设单位负责组织对安全设施进行验收；验收合格后，方可投入生产和使用。安全生产监督管理部门应当加强对建设单位验收活动和验收结果的监督核查。

第三十二条 生产经营单位应当在有较大危险因素的生产经营场所和有关设施、设备上，设置明显的安全警示标志。

第三十三条 安全设备的设计、制造、安装、使用、检测、维修、改造和报废，应当符合国家标准或者行业标准。

生产经营单位必须对安全设备进行经常性维护、保养，并定期检测，保证正常运转。维护、保养、检测应当作好记录，并由有关人员签字。

第三十四条 生产经营单位使用的危险物品的容器、运输工具，以及涉及人身安全、危险性较大的海洋石油开采特种设备和矿山井下特种设备，必须按照国家有关规定，由专业生产单位生产，并经具有专业资质的检测、检验机构检测、检验合格，取得安全使用证或者安全标志，方可投入使用。检测、检验机构对检测、检验结果负责。

第三十五条 国家对严重危及生产安全的工艺、设备实行淘汰制度，具体目录由国务院安全生产监督管理部门会同国务院有关部门制定并公布。法律、行政法规对目录的制定另有规定的，适用其规定。

省、自治区、直辖市人民政府可以根据本地区实际情况制定并公布具体目录，对前款规定以外的危及生产安全的工艺、设备予以淘汰。

生产经营单位不得使用应当淘汰的危及生产安全的工艺、设备。

第三十六条 生产、经营、运输、储存、使用危险物品或者处置废弃危险物品的，由有关主管部门依照有关法律、法规的规定和国家标准或者行业标准审批并实施监督管理。

生产经营单位生产、经营、运输、储存、使用危险物品或者处置废弃危险物品，必须执行有关法律、法规和国家标准或者行业标准，建立专门的安全管理制度，采取可靠的安全措施，接受有关主管部门依法实施的监督管理。

第三十七条 生产经营单位对重大危险源应当登记建档，进行定期检测、评估、监控，并制定应急预案，告知从业人员和相关人员在紧急情况下应当采取的应急措施。

生产经营单位应当按照国家有关规定将本单位重大危险源及有关安全措施、应急措施报有关地方人民政府安全生产监督管理部门和有关部门备案。

第三十八条 生产经营单位应当建立健全生产安全事故隐患排查治理制度，采取技术、管理措施，及时发现并消除事故隐患。事故隐患排查治理情况应当如实记录，并向从业人员通报。

县级以上地方各级人民政府负有安全生产监督管理职责的部门应当建立健全重大事故隐患治理督办制度，督促生产经营单位消除重大事故隐患。

第三十九条 生产、经营、储存、使用危险物品的车间、商店、仓库不得与员工宿舍在同一座建筑物内，并应当与员工宿舍保持安全距离。

生产经营场所和员工宿舍应当设有符合紧急疏散要求、标志明显、保持畅通的出口。禁止锁闭、封堵生产经营场所或者员工宿舍的出口。

第四十条 生产经营单位进行爆破、吊装以及国务院安全生产监督管理部门会同国务院有关部门规定的其他危险作业，应当安排专门人员进行现场安全管理，确保操作规程的遵守和安全措施的落实。

第四十一条 生产经营单位应当教育和督促从业人员严格执行本单位的安全生产规章制度和安全操作规程；并向从业人员如实告知作业场所和工作岗位存在的危险因素、防范措施以及事故应急措施。

第四十二条 生产经营单位必须为从业人员提供符合国家标准或者行业标准的劳动防护用品，并监督、教育从业人员按照使用规则佩戴、使用。

第四十三条 生产经营单位的安全生产管理人员应当根据本单位的生产经营特点，对安全生产状况进行经常性检查；对检查中发现的安全问题，应当立即处理；不能处理的，应当及时报告本单位有关负责人，有关负责人应当及时处理。检查及处理情况应当如实记录在案。

生产经营单位的安全生产管理人员在检查中发现重大事故隐患，依照前款规定向本单位有关负责人报告，有关负责人不及时处理的，安全生产管理人员可以向主管的负有安全生产监督管理职责的部门报告，接到报告的部门应当依法及时处理。

第四十四条 生产经营单位应当安排用于配备劳动防护用品、进行安全生产培训的经费。

第四十五条 两个以上生产经营单位在同一作业区域内进行生产经营活动，可能危及对方生产安全的，应当签订安全生产管理协议，明确各自的安全生产管理职责和应当采取的安全措施，并指定专职安全生产管理人员进行安全检查与协调。

第四十六条 生产经营单位不得将生产经营项目、场所、设备发包或者出租给不具备安全生产条件或者相应资质的单位或者个人。

生产经营项目、场所发包或者出租给其他单位的，生产经营单位应当与承包单位、承租单位签订专门的安全生产管理协议，或者在承包合同、租赁合同中约定各自的安全生产管理职责；生产经营单位对承包单位、承租单位的安全生产工作统一协调、管理，定期进行安全检查，发现安全问题的，应当及时督促整改。

第四十七条 生产经营单位发生生产安全事故时，单位的主要负责人应当立即组织抢救，并不得在事故调查处理期间擅离职守。

第四十八条 生产经营单位必须依法参加工伤保险，为从业人员缴纳保险费。

国家鼓励生产经营单位投保安全生产责任保险。

第三章 从业人员的安全生产权利义务

第四十九条 生产经营单位与从业人员订立的劳动合同，应当载明有关保障从业人员劳动安全、防止职业危害的事项，以及依法为从业人员办理工伤保险的事项。

生产经营单位不得以任何形式与从业人员订立协议，免除或者减轻其对从业人员因生产安全事故伤亡依法应承担的责任。

第五十条 生产经营单位的从业人员有权了解其作业场所和工作岗位存在的危险因素、防范措施及事故应急措施，有权对本单位的安全生产工作提出建议。

第五十一条 从业人员有权对本单位安全生产工作中存在的问题提出批评、检举、控告；有权拒绝违章指挥和强令冒险作业。

生产经营单位不得因从业人员对本单位安全生产工作提出批评、检举、控告或者拒绝违章指挥、强令冒险作业而降低其工资、福利等待遇或者解除与其订立的劳动合同。

第五十二条 从业人员发现直接危及人身安全的紧急情况时，有权停止作业或者在采取可能的应急措施后撤离作业场所。

生产经营单位不得因从业人员在前款紧急情况下停止作业或者采取紧急撤离措施而降低其工资、福利等待遇或者解除与其订立的劳动合同。

第五十三条 因生产安全事故受到损害的从业人员，除依法享有工伤保险外，依照有关民事法律尚有获得赔偿的权利的，有权向本单位提出赔偿要求。

第五十四条 从业人员在作业过程中,应当严格遵守本单位的安全生产规章制度和操作规程,服从管理,正确佩戴和使用劳动防护用品。

第五十五条 从业人员应当接受安全生产教育和培训,掌握本职工作所需的安全生产知识,提高安全生产技能,增强事故预防和应急处理能力。

第五十六条 从业人员发现事故隐患或者其他不安全因素,应当立即向现场安全生产管理人员或者本单位负责人报告;接到报告的人员应当及时予以处理。

第五十七条 工会有权对建设项目的安全设施与主体工程同时设计、同时施工、同时投入生产和使用进行监督,提出意见。

工会对生产经营单位违反安全生产法律、法规,侵犯从业人员合法权益的行为,有权要求纠正;发现生产经营单位违章指挥、强令冒险作业或者发现事故隐患时,有权提出解决的建议,生产经营单位应当及时研究答复;发现危及从业人员生命安全的情况时,有权向生产经营单位建议组织从业人员撤离危险场所,生产经营单位必须立即作出处理。

工会有权依法参加事故调查,向有关部门提出处理意见,并要求追究有关人员的责任。

第五十八条 生产经营单位使用被派遣劳动者的,被派遣劳动者享有本法规定的从业人员的权利,并应当履行本法规定的从业人员的义务。

第四章 安全生产的监督管理

第五十九条 县级以上地方各级人民政府应当根据本行政区域内的安全生产状况,组织有关部门按照职责分工,对本行政区域内容易发生重大生产安全事故的生产经营单位进行严格检查。

安全生产监督管理部门应当按照分类分级监督管理的要求,制定安全生产年度监督检查计划,并按照年度监督检查计划进行监督检查,发现事故隐患,应当及时处理。

第六十条 负有安全生产监督管理职责的部门依照有关法律、法规的规定,对涉及安全生产的事项需要审查批准(包括批准、核准、许可、注册、认证、颁发证照等,下同)或者验收的,必须严格依照有关法律、法规和国家标准或者行业标准规定的安全生产条件和程序进行审查;不符合有关法律、法规和国家标准或者行业标准规定的安全生产条件的,不得批准或者验收通过。对未依法取得批准或者验收合格的单位擅自从事有关活动的,负责行政审批的部门发现或者接到举报后应当立即予以取缔,并依法予以处理。对已经依法取得批准的单位,负责行政审批的部门发现其不再具备安全生产条件的,应当撤销原批准。

第六十一条 负有安全生产监督管理职责的部门对涉及安全生产的事项进行审查、验收,不得收取费用;不得要求接受审查、验收的单位购买其指定品牌或者指定生产、销售单位的安全设备、器材或者其他产品。

第六十二条 安全生产监督管理部门和其他负有安全生产监督管理职责的部门依法开展安全生产行政执法工作,对生产经营单位执行有关安全生产的法律、法规和国家标准或者行业标准的情况进行监督检查,行使以下职权:

(一)进入生产经营单位进行检查,调阅有关资料,向有关单位和人员了解情况;

(二)对检查中发现的安全生产违法行为,当场予以纠正或者要求限期改正;对依法应当给予行政处罚的行为,依照本法和其他有关法律、行政法规的规定作出行政处罚决定;

（三）对检查中发现的事故隐患，应当责令立即排除；重大事故隐患排除前或者排除过程中无法保证安全的，应当责令从危险区域内撤出作业人员，责令暂时停产停业或者停止使用相关设施、设备；重大事故隐患排除后，经审查同意，方可恢复生产经营和使用；

（四）对有根据认为不符合保障安全生产的国家标准或者行业标准的设施、设备、器材以及违法生产、储存、使用、经营、运输的危险物品予以查封或者扣押，对违法生产、储存、使用、经营危险物品的作业场所予以查封，并依法作出处理决定。

监督检查不得影响被检查单位的正常生产经营活动。

第六十三条 生产经营单位对负有安全生产监督管理职责的部门的监督检查人员（以下统称安全生产监督检查人员）依法履行监督检查职责，应当予以配合，不得拒绝、阻挠。

第六十四条 安全生产监督检查人员应当忠于职守，坚持原则，秉公执法。

安全生产监督检查人员执行监督检查任务时，必须出示有效的监督执法证件；对涉及被检查单位的技术秘密和业务秘密，应当为其保密。

第六十五条 安全生产监督检查人员应当将检查的时间、地点、内容、发现的问题及其处理情况，作出书面记录，并由检查人员和被检查单位的负责人签字；被检查单位的负责人拒绝签字的，检查人员应当将情况记录在案，并向负有安全生产监督管理职责的部门报告。

第六十六条 负有安全生产监督管理职责的部门在监督检查中，应当互相配合，实行联合检查；确需分别进行检查的，应当互通情况，发现存在的安全问题应当由其他有关部门进行处理的，应当及时移送其他有关部门并形成记录备查，接受移送的部门应当及时进行处理。

第六十七条 负有安全生产监督管理职责的部门依法对存在重大事故隐患的生产经营单位作出停产停业、停止施工、停止使用相关设施或者设备的决定，生产经营单位应当依法执行，及时消除事故隐患。生产经营单位拒不执行，有发生生产安全事故的现实危险的，在保证安全的前提下，经本部门主要负责人批准，负有安全生产监督管理职责的部门可以采取通知有关单位停止供电、停止供应民用爆炸物品等措施，强制生产经营单位履行决定。通知应当采用书面形式，有关单位应当予以配合。

负有安全生产监督管理职责的部门依照前款规定采取停止供电措施，除有危及生产安全的紧急情形外，应当提前二十四小时通知生产经营单位。生产经营单位依法履行行政决定、采取相应措施消除事故隐患的，负有安全生产监督管理职责的部门应当及时解除前款规定的措施。

第六十八条 监察机关依照行政监察法的规定，对负有安全生产监督管理职责的部门及其工作人员履行安全生产监督管理职责实施监察。

第六十九条 承担安全评价、认证、检测、检验的机构应当具备国家规定的资质条件，并对其作出的安全评价、认证、检测、检验的结果负责。

第七十条 负有安全生产监督管理职责的部门应当建立举报制度，公开举报电话、信箱或者电子邮件地址，受理有关安全生产的举报；受理的举报事项经调查核实后，应当形成书面材料；需要落实整改措施的，报经有关负责人签字并督促落实。

第七十一条 任何单位或者个人对事故隐患或者安全生产违法行为，均有权向负有安全生产监督管理职责的部门报告或者举报。

第七十二条 居民委员会、村民委员会发现其所在区域内的生产经营单位存在事故隐患或者安全生产违法行为时,应当向当地人民政府或者有关部门报告。

第七十三条 县级以上各级人民政府及其有关部门对报告重大事故隐患或者举报安全生产违法行为的有功人员,给予奖励。具体奖励办法由国务院安全生产监督管理部门会同国务院财政部门制定。

第七十四条 新闻、出版、广播、电影、电视等单位有进行安全生产公益宣传教育的义务,有对违反安全生产法律、法规的行为进行舆论监督的权利。

第七十五条 负有安全生产监督管理职责的部门应当建立安全生产违法行为信息库,如实记录生产经营单位的安全生产违法行为信息;对违法行为情节严重的生产经营单位,应当向社会公告,并通报行业主管部门、投资主管部门、国土资源主管部门、证券监督管理机构以及有关金融机构。

第五章 生产安全事故的应急救援与调查处理

第七十六条 国家加强生产安全事故应急能力建设,在重点行业、领域建立应急救援基地和应急救援队伍,鼓励生产经营单位和其他社会力量建立应急救援队伍,配备相应的应急救援装备和物资,提高应急救援的专业化水平。

国务院安全生产监督管理部门建立全国统一的生产安全事故应急救援信息系统,国务院有关部门建立健全相关行业、领域的生产安全事故应急救援信息系统。

第七十七条 县级以上地方各级人民政府应当组织有关部门制定本行政区域内生产安全事故应急救援预案,建立应急救援体系。

第七十八条 生产经营单位应当制定本单位生产安全事故应急救援预案,与所在地县级以上地方人民政府组织制定的生产安全事故应急救援预案相衔接,并定期组织演练。

第七十九条 危险物品的生产、经营、储存单位以及矿山、金属冶炼、城市轨道交通运营、建筑施工单位应当建立应急救援组织;生产经营规模较小的,可以不建立应急救援组织,但应当指定兼职的应急救援人员。

危险物品的生产、经营、储存、运输单位以及矿山、金属冶炼、城市轨道交通运营、建筑施工单位应当配备必要的应急救援器材、设备和物资,并进行经常性维护、保养,保证正常运转。

第八十条 生产经营单位发生生产安全事故后,事故现场有关人员应当立即报告本单位负责人。

单位负责人接到事故报告后,应当迅速采取有效措施,组织抢救,防止事故扩大,减少人员伤亡和财产损失,并按照国家有关规定立即如实报告当地负有安全生产监督管理职责的部门,不得隐瞒不报、谎报或者迟报,不得故意破坏事故现场、毁灭有关证据。

第八十一条 负有安全生产监督管理职责的部门接到事故报告后,应当立即按照国家有关规定上报事故情况。负有安全生产监督管理职责的部门和有关地方人民政府对事故情况不得隐瞒不报、谎报或者迟报。

第八十二条 有关地方人民政府和负有安全生产监督管理职责的部门的负责人接到生产安全事故报告后,应当按照生产安全事故应急救援预案的要求立即赶到事故现场,组织事故抢救。

参与事故抢救的部门和单位应当服从统一指挥,加强协同联动,采取有效的应急救援措施,并根据事故救援的需要采取警戒、疏散等措施,防止事故扩大和次生灾害的发生,减少人员伤亡和财产损失。

事故抢救过程中应当采取必要措施,避免或者减少对环境造成的危害。

任何单位和个人都应当支持、配合事故抢救,并提供一切便利条件。

第八十三条 事故调查处理应当按照科学严谨、依法依规、实事求是、注重实效的原则,及时、准确地查清事故原因,查明事故性质和责任,总结事故教训,提出整改措施,并对事故责任者提出处理意见。事故调查报告应当依法及时向社会公布。事故调查和处理的具体办法由国务院制定。

事故发生单位应当及时全面落实整改措施,负有安全生产监督管理职责的部门应当加强监督检查。

第八十四条 生产经营单位发生生产安全事故,经调查确定为责任事故的,除了应当查明事故单位的责任并依法予以追究外,还应当查明对安全生产的有关事项负有审查批准和监督职责的行政部门的责任,对有失职、渎职行为的,依照本法第八十七条的规定追究法律责任。

第八十五条 任何单位和个人不得阻挠和干涉对事故的依法调查处理。

第八十六条 县级以上地方各级人民政府安全生产监督管理部门应当定期统计分析本行政区域内发生生产安全事故的情况,并定期向社会公布。

第六章 法律责任

第八十七条 负有安全生产监督管理职责的部门的工作人员,有下列行为之一的,给予降级或者撤职的处分;构成犯罪的,依照刑法有关规定追究刑事责任:

(一)对不符合法定安全生产条件的涉及安全生产的事项予以批准或者验收通过的;

(二)发现未依法取得批准、验收的单位擅自从事有关活动或者接到举报后不予取缔或者不依法予以处理的;

(三)对已经依法取得批准的单位不履行监督管理职责,发现其不再具备安全生产条件而不撤销原批准或者发现安全生产违法行为不予查处的;

(四)在监督检查中发现重大事故隐患,不依法及时处理的。

负有安全生产监督管理职责的部门的工作人员有前款规定以外的滥用职权、玩忽职守、徇私舞弊行为的,依法给予处分;构成犯罪的,依照刑法有关规定追究刑事责任。

第八十八条 负有安全生产监督管理职责的部门,要求被审查、验收的单位购买其指定的安全设备、器材或者其他产品的,在对安全生产事项的审查、验收中收取费用的,由其上级机关或者监察机关责令改正,责令退还收取的费用;情节严重的,对直接负责的主管人员和其他直接责任人员依法给予处分。

第八十九条 承担安全评价、认证、检测、检验工作的机构,出具虚假证明的,没收违法所得;违法所得在十万元以上的,并处违法所得二倍以上五倍以下的罚款;没有违法所得或者违法所得不足十万元的,单处或者并处十万元以上二十万元以下的罚款;对其直接负责的主管人员和其他直接责任人员处二万元以上五万元以下的罚款;给他人造成损害的,与生产经营单位承担连带赔偿责任;构成犯罪的,依照刑法有关规定追究刑事责任。

对有前款违法行为的机构，吊销其相应资质。

第九十条 生产经营单位的决策机构、主要负责人或者个人经营的投资人不依照本法规定保证安全生产所必需的资金投入，致使生产经营单位不具备安全生产条件的，责令限期改正，提供必需的资金；逾期未改正的，责令生产经营单位停产停业整顿。

有前款违法行为，导致发生生产安全事故的，对生产经营单位的主要负责人给予撤职处分，对个人经营的投资人处二万元以上二十万元以下的罚款；构成犯罪的，依照刑法有关规定追究刑事责任。

第九十一条 生产经营单位的主要负责人未履行本法规定的安全生产管理职责的，责令限期改正；逾期未改正的，处二万元以上五万元以下的罚款，责令生产经营单位停产停业整顿。

生产经营单位的主要负责人有前款违法行为，导致发生生产安全事故的，给予撤职处分；构成犯罪的，依照刑法有关规定追究刑事责任。

生产经营单位的主要负责人依照前款规定受刑事处罚或者撤职处分的，自刑罚执行完毕或者受处分之日起，五年内不得担任任何生产经营单位的主要负责人；对重大、特别重大生产安全事故负有责任的，终身不得担任本行业生产经营单位的主要负责人。

第九十二条 生产经营单位的主要负责人未履行本法规定的安全生产管理职责，导致发生生产安全事故的，由安全生产监督管理部门依照下列规定处以罚款：

（一）发生一般事故的，处上一年年收入百分之三十的罚款；

（二）发生较大事故的，处上一年年收入百分之四十的罚款；

（三）发生重大事故的，处上一年年收入百分之六十的罚款；

（四）发生特别重大事故的，处上一年年收入百分之八十的罚款。

第九十三条 生产经营单位的安全生产管理人员未履行本法规定的安全生产管理职责的，责令限期改正；导致发生生产安全事故的，暂停或者撤销其与安全生产有关的资格；构成犯罪的，依照刑法有关规定追究刑事责任。

第九十四条 生产经营单位有下列行为之一的，责令限期改正，可以处五万元以下的罚款；逾期未改正的，责令停产停业整顿，并处五万元以上十万元以下的罚款，对其直接负责的主管人员和其他直接责任人员处一万元以上二万元以下的罚款：

（一）未按照规定设置安全生产管理机构或者配备安全生产管理人员的；

（二）危险物品的生产、经营、储存单位以及矿山、金属冶炼、建筑施工、道路运输单位的主要负责人和安全生产管理人员未按照规定经考核合格的；

（三）未按照规定对从业人员、被派遣劳动者、实习学生进行安全生产教育和培训，或者未按照规定如实告知有关的安全生产事项的；

（四）未如实记录安全生产教育和培训情况的；

（五）未将事故隐患排查治理情况如实记录或者未向从业人员通报的；

（六）未按照规定制定生产安全事故应急救援预案或者未定期组织演练的；

（七）特种作业人员未按照规定经专门的安全作业培训并取得相应资格，上岗作业的。

第九十五条 生产经营单位有下列行为之一的，责令停止建设或者停产停业整顿，限期改正；逾期未改正的，处五十万元以上一百万元以下的罚款，对其直接负责的主管人员和其他直接责任人员处二万元以上五万元以下的罚款；构成犯罪的，依照刑法有关规定追究刑事责任：

（一）未按照规定对矿山、金属冶炼建设项目或者用于生产、储存、装卸危险物品的建设项目进行安全评价的；

（二）矿山、金属冶炼建设项目或者用于生产、储存、装卸危险物品的建设项目没有安全设施设计或者安全设施设计未按照规定报经有关部门审查同意的；

（三）矿山、金属冶炼建设项目或者用于生产、储存、装卸危险物品的建设项目的施工单位未按照批准的安全设施设计施工的；

（四）矿山、金属冶炼建设项目或者用于生产、储存危险物品的建设项目竣工投入生产或者使用前，安全设施未经验收合格的。

第九十六条 生产经营单位有下列行为之一的，责令限期改正，可以处五万元以下的罚款；逾期未改正的，处五万元以上二十万元以下的罚款，对其直接负责的主管人员和其他直接责任人员处一万元以上二万元以下的罚款；情节严重的，责令停产停业整顿，构成犯罪的，依照刑法有关规定追究刑事责任：

（一）未在有较大危险因素的生产经营场所和有关设施、设备上设置明显的安全警示标志的；

（二）安全设备的安装、使用、检测、改造和报废不符合国家标准或者行业标准的；

（三）未对安全设备进行经常性维护、保养和定期检测的；

（四）未为从业人员提供符合国家标准或者行业标准的劳动防护用品的；

（五）危险物品的容器、运输工具，以及涉及人身安全、危险性较大的海洋石油开采特种设备和矿山井下特种设备未经具有专业资质的机构检测、检验合格，取得安全使用证或者安全标志，投入使用的；

（六）使用应当淘汰的危及生产安全的工艺、设备的。

第九十七条 未经依法批准，擅自生产、经营、运输、储存、使用危险物品或者处置废弃危险物品的，依照有关危险物品安全管理的法律、行政法规的规定予以处罚；构成犯罪的，依照刑法有关规定追究刑事责任。

第九十八条 生产经营单位有下列行为之一的，责令限期改正，可以处十万元以下的罚款；逾期未改正的，责令停产停业整顿，并处十万元以上二十万元以下的罚款，对其直接负责的主管人员和其他直接责任人员处二万元以上五万元以下的罚款；构成犯罪的，依照刑法有关规定追究刑事责任：

（一）生产、经营、运输、储存、使用危险物品或者处置废弃危险物品，未建立专门安全管理制度、未采取可靠的安全措施的；

（二）对重大危险源未登记建档，或者未进行评估、监控，或者未制定应急预案的；

（三）进行爆破、吊装以及国务院安全生产监督管理部门会同国务院有关部门规定的其他危险作业，未安排专门人员进行现场安全管理的；

（四）未建立事故隐患排查治理制度的。

第九十九条 生产经营单位未采取措施消除事故隐患的，责令立即消除或者限期消除；生产经营单位拒不执行的，责令停产停业整顿，并处十万元以上五十万元以下的罚款，对其直接负责的主管人员和其他直接责任人员处二万元以上五万元以下的罚款。

第一百条 生产经营单位将生产经营项目、场所、设备发包或者出租给不具备安全生产条件或者相应资质的单位或者个人的，责令限期改正，没收违法所得；违法所得十万元以上的，并处违法所得二倍以上五倍以下的罚款；没有违法所得或者违法所得不足十万元的，单处或者并处十万元以上二十万元以下的罚款；对其直接负责的主管人员和其他直接责任人员处一万元以上二万元以下的罚款；导致发生生产安全事故给他人造成损害的，与承包方、承租方承担连带赔偿责任。

生产经营单位未与承包单位、承租单位签订专门的安全生产管理协议或者未在承包合同、租赁合同中明确各自的安全生产管理职责，或者未对承包单位、承租单位的安全生产统一协调、管理的，责令限期改正，可以处五万元以下的罚款，对其直接负责的主管人员和其他直接责任人员可以处一万元以下的罚款；逾期未改正的，责令停产停业整顿。

第一百零一条　两个以上生产经营单位在同一作业区域内进行可能危及对方安全生产的生产经营活动，未签订安全生产管理协议或者未指定专职安全生产管理人员进行安全检查与协调的，责令限期改正，可以处五万元以下的罚款，对其直接负责的主管人员和其他直接责任人员可以处一万元以下的罚款；逾期未改正的，责令停产停业。

第一百零二条　生产经营单位有下列行为之一的，责令限期改正，可以处五万元以下的罚款，对其直接负责的主管人员和其他直接责任人员可以处一万元以下的罚款；逾期未改正的，责令停产停业整顿；构成犯罪的，依照刑法有关规定追究刑事责任：

（一）生产、经营、储存、使用危险物品的车间、商店、仓库与员工宿舍在同一座建筑内，或者与员工宿舍的距离不符合安全要求的；

（二）生产经营场所和员工宿舍未设有符合紧急疏散需要、标志明显、保持畅通的出口，或者锁闭、封堵生产经营场所或者员工宿舍出口的。

第一百零三条　生产经营单位与从业人员订立协议，免除或者减轻其对从业人员因生产安全事故伤亡依法应承担的责任的，该协议无效；对生产经营单位的主要负责人、个人经营的投资人处二万元以上十万元以下的罚款。

第一百零四条　生产经营单位的从业人员不服从管理，违反安全生产规章制度或者操作规程的，由生产经营单位给予批评教育，依照有关规章制度给予处分；构成犯罪的，依照刑法有关规定追究刑事责任。

第一百零五条　违反本法规定，生产经营单位拒绝、阻碍负有安全生产监督管理职责的部门依法实施监督检查的，责令改正；拒不改正的，处二万元以上二十万元以下的罚款；对其直接负责的主管人员和其他直接责任人员处一万元以上二万元以下的罚款；构成犯罪的，依照刑法有关规定追究刑事责任。

第一百零六条　生产经营单位的主要负责人在本单位发生生产安全事故时，不立即组织抢救或者在事故调查处理期间擅离职守或者逃匿的，给予降级、撤职的处分，并由安全生产监督管理部门处上一年年收入百分之六十至百分之一百的罚款；对逃匿的处十五日以下拘留；构成犯罪的，依照刑法有关规定追究刑事责任。

生产经营单位的主要负责人对生产安全事故隐瞒不报、谎报或者迟报的，依照前款规定处罚。

第一百零七条　有关地方人民政府、负有安全生产监督管理职责的部门，对生产安全事故隐瞒不报、谎报或者迟报的，对直接负责的主管人员和其他直接责任人员依法给予处分；构成犯罪的，依照刑法有关规定追究刑事责任。

第一百零八条 生产经营单位不具备本法和其他有关法律、行政法规和国家标准或者行业标准规定的安全生产条件，经停产停业整顿仍不具备安全生产条件的，予以关闭；有关部门应当依法吊销其有关证照。

第一百零九条 发生生产安全事故，对负有责任的生产经营单位除要求其依法承担相应的赔偿等责任外，由安全生产监督管理部门依照下列规定处以罚款：

（一）发生一般事故的，处二十万元以上五十万元以下的罚款；

（二）发生较大事故的，处五十万元以上一百万元以下的罚款；

（三）发生重大事故的，处一百万元以上五百万元以下的罚款；

（四）发生特别重大事故的，处五百万元以上一千万元以下的罚款；情节特别严重的，处一千万元以上二千万元以下的罚款。

第一百一十条 本法规定的行政处罚，由安全生产监督管理部门和其他负有安全生产监督管理职责的部门按照职责分工决定，予以关闭的行政处罚由负有安全生产监督管理职责的部门报请县级以上人民政府按照国务院规定的权限决定；给予拘留的行政处罚由公安机关依照治安管理处罚法的规定决定。

第一百一十一条 生产经营单位发生生产安全事故造成人员伤亡、他人财产损失的，应当依法承担赔偿责任；拒不承担或者其负责人逃匿的，由人民法院依法强制执行。

生产安全事故的责任人未依法承担赔偿责任，经人民法院依法采取执行措施后，仍不能对受害人给予足额赔偿的，应当继续履行赔偿义务；受害人发现责任人有其他财产的，可以随时请求人民法院执行。

第七章 附则

第一百一十二条 本法下列用语的含义：

危险物品，是指易燃易爆物品、危险化学品、放射性物品等能够危及人身安全和财产安全的物品。

重大危险源，是指长期地或者临时地生产、搬运、使用或者储存危险物品，且危险物品的数量等于或者超过临界量的单元（包括场所和设施）。

第一百一十三条 本法规定的生产安全一般事故、较大事故、重大事故、特别重大事故的划分标准由国务院规定。

国务院安全生产监督管理部门和其他负有安全生产监督管理职责的部门应当根据各自的职责分工，制定相关行业、领域重大事故隐患的判定标准。

第一百一十四条 本法自 2002 年 11 月 1 日起施行。

后　记

　　本书是一本完全源于油气管道项目工作实践的成体系化的工作手册。在各位领导、同事和朋友的耐心鼓励和倾力帮助下，本书得以顺利出版。

　　感谢钱平凡教授、丹·塔普斯科特、贾姆希德·格哈拉杰达基、弗里希、罗勃特·G.库珀等人，他们的著作塑造了我今天的世界观。平台经济思想、数字化战略、系统体系思维、计量经济学思维导图、门径管理体系意识已经全面浸入我的日常项目管理工作中，并力求在本书中有所具体体现。

　　感谢董家男、陈鹏坤、郝振斌、段永强、蔡德宇、伍迅、任涛、刘桂春、王立洲、罗炳龙、徐云龙以及众多幕后的工作者在资料搜集和整理上的辛勤付出，正是他们的默默付出，本书才能如此"接地气"，才能如此具有可操作性，成为一本纯正的实用型工具书，实现"源于工作、用于工作"的初心。

　　本书编写坚持创新思维和体系思维与问题导向，将油气管道项目前期工作按照专业分为众多网格业务单元，努力对项目"网格化赋能与无边界管理"进行实践探索，摸索"两大一新"战略目标下油气管道项目管理的新体系、新方式、新举措，根据当前最新法规要求和技术规范与项目实践，形成新的项目管理体系，切实提升油气管道项目前期工作。由于编者水平有限，书中难免有不妥之处，敬请指正。

　　编者坚信，探索之路，道阻且长，行则将至。

张　丰

2021 年 6 月于廊坊